Escritas e Leituras na Educação Matemática

ORGANIZAÇÃO
Adair Mendes Nacarato
Celi Espasandin Lopes

Carolina Carvalho
Cleusa de Abreu Cardoso
Diana Jaramillo
Jairo de Araujo Lopes
Maria Cecília Gracioli Andrade
Maria da Conceição Ferreira Reis Fonseca
Maria Teresa Menezes Freitas
Roseli de Alvarenga Corrêa
Sandra Augusta Santos
Valéria de Carvalho
Vinício de Macedo Santos

Escritas e Leituras na Educação Matemática

ALB
associação de leitura do Brasil

autêntica

Copyright © 2005 by Celi Aparecida Espasandin Lopes e Adair Mendes Nacarato

PROJETO GRÁFICO E CAPA
Beatriz Magalhães
Lúcia Serrano

EDITORAÇÃO ELETRÔNICA
Waldênia Alvarenga Santos Ataíde

REVISÃO
Rosemara Dias dos Santos
Rodrigo Pires Paula

Todos os direitos reservados pela Autêntica Editora. Nenhuma parte desta publicação poderá ser reproduzida, seja por meios mecânicos, eletrônicos, seja via cópia xerográfica sem a autorização prévia da editora.

AUTÊNTICA EDITORA
BELO HORIZONTE
Rua Aimorés, 981, 8º andar. Funcionários
30140-071. Belo Horizonte. MG
Tel: (55 31) 3222 68 19
Televendas: 0800 283 13 22
www.autenticaeditora.com.br
e-mail: autentica@autenticaeditora.com.br

Lopes, Celi Aparecida Espasandin

L864e   Escritas e leituras na educação matemática / organizado por Celi Aparecida Espasandin Lopes e Adair Mendes Nacarato. 1ed.; 1. reimp. — Belo Horizonte : Autêntica , 2009.

192 p

1.Matemática. 2.Educação. I.Nacarato, Adair Mendes. II.Título.

CDU51
37

Ficha catalográfica elaborada por Rinaldo de Moura Faria - CRB6-1006

SUMÁRIO

7   Apresentação

15 Comunicações e interacções sociais nas salas de Matemática
    Carolina Carvalho

35 O livro didático, o autor, as tendências em Educação Matemática
    Jairo de Araujo Lopes

63 Educação Matemática e letramento: textos para ensinar Matemática e Matemática para ler o texto
    Maria da Conceição Ferreira Reis Fonseca e Cleusa de Abreu Cardoso

77 *Literacia* Estatística na Educação Básica
    Celi Espasandin Lopes e Carolina Carvalho

93 Linguagem matemática, meios de comunicação e Educação Matemática
    Roseli de Alvarenga Corrêa

101 Linguagem matemática e sociedade: refletindo sobre a ideologia da certeza
    Valéria de Carvalho

117 Linguagens e comunicação na aula de Matemática
    Vinício de Macedo Santos

127 Explorações da linguagem escrita nas aulas de Matemática
    Sandra Augusta Santos

143 As inter-relações entre iniciação matemática e alfabetização
    Maria Cecília Gracioli Andrade

163 Diversos caminhos de formação: apontando para outra cultura profissional do professor que ensina Matemática
    Diana Jaramillo, Maria Teresa Menezes Freitas e Adair Mendes Nacarato

Apresentação

As organizadoras

Inúmeras discussões e pesquisas sobre o ensino e a aprendizagem de Matemática vêm ocorrendo ao longo dos últimos anos, em decorrência, de um lado, da consolidação da comunidade de educadores matemáticos e de outro, das mudanças sociais, políticas e econômicas que têm exigido um repensar sobre a Educação Matemática, a fim de garantir uma formação mais abrangente que considere a complexidade presente na vida cotidiana atual. Faz-se necessário desenvolver posturas com dimensões ampliadas em relação à autonomia, à criticidade e ao processo reflexivo, tanto por parte do aluno quanto do professor.

Desde as reformas curriculares, que marcaram a década de 1980, em todos os países, algumas perspectivas vêm sendo consideradas como fundamentais ao ensino de Matemática. Este deve focalizar os saberes do aluno, oportunizando a criação de seus próprios procedimentos e o desenvolvimento de seu raciocínio e criatividade, priorizando a aquisição e a comunicação da linguagem matemática. Processos nas aulas de Matemática, tais como comunicação de idéias, interações, práticas discursivas, representações matemáticas, argumentações e negociação de significados, vêm permeando as recentes discussões da área. Construtos, como Letramento, Letramento em Matemática, Numeramento, Alfabetização Matemática, Linguagem Matemática e *Literacia*, vêm sendo focalizados nas pesquisas e debates nacionais e internacionais.

Nessa perspectiva mais abrangente sobre o ensino de Matemática, tendo como foco as questões relacionadas à Linguagem e Educação Matemática, aconteceu, durante o 14º Congresso de Leitura do Brasil (COLE), na Unicamp, em 2003, o I Seminário de Educação Matemática, que objetivou: discutir a *literacia* estatística, recomendada para a formação dos estudantes durante a escola básica; analisar o uso da linguagem e do papel da comunicação nas aulas de Matemática; refletir teoricamente sobre os diferentes discursos presentes nos textos matemáticos; analisar a inclusão e a utilização de meios de comunicação e tecnologias nas aulas de Matemática, estabelecendo suas relações políticas e sociais; efetuar análises reflexivas sobre as inter-relações emergentes, durante a alfabetização matemática, especialmente no decorrer dos anos iniciais da escola básica.

O seminário foi organizado em palestras, mesas-redondas e sessões de comunicações científicas e relatos de experiências. A riqueza e a profundidade dos debates, bem como a constatação da pouca literatura nacional disponível sobre essas temáticas, nos motivaram a organizar o presente livro. A idéia inicial era contemplar todas as palestras – isoladas ou em mesas-redondas –, de forma a termos uma coletânea de textos que abarcassem todas as discussões. Nesse sentido, fizemos o convite a todos os participantes para o envio de seus textos. Assim, reunimos os textos daqueles que se dispuseram a trazer suas colaborações. Outros não o fizeram, temos certeza, pelas próprias condições de trabalho docente, cuja rotina, na maioria das vezes, não nos permite fazer tudo aquilo que gostaríamos e almejamos.

Dessa forma, esperamos que os artigos aqui reunidos possam contribuir para o debate mais amplo, inclusive alimentando as discussões do II Seminário, que deverá ocorrer no 15º COLE, em 2005.

A abertura do I Seminário sobre Educação Matemática se deu com a palestra de Carolina Carvalho, docente e pesquisadora do Centro de Investigação em Educação, Faculdade de Ciências da Universidade de Lisboa, com o tema "Comunicações e interacções sociais nas aulas de Matemática", cujo texto constitui o primeiro artigo deste livro. Nele, a autora, apoiando-se na psicologia, analisa algumas explicações possíveis para os progressos dos alunos quando realizam atividades de forma colaborativa nas aulas de Matemática, quando discutem, explicam idéias, se expõem, avaliam e refutam pontos de vista, argumentos e resoluções. A autora analisa quatro tipos de co-elaboração considerados por Gilly, Fraisse e Roux (1988): 1) co-elaboração por consentimento; 2) co-elaboração por co-construção; 3) co-elaboração por confronto com desacordo e 4) co-elaboração por confrontos contraditórios. Segundo a autora, quando o contrato didático envolve explicitamente a colaboração, a discussão entre os alunos e a busca de consensos, o desempenho dos alunos é mais rico, se comparado a outros contextos onde isso não ocorre. Para ilustrar os pressupostos teóricos, a autora apresenta a análise da interação entre dois alunos enquanto resolviam uma atividade não-habitual de Estatística.

Uma das mesas-redondas do 14º COLE tinha por objetivo a análise do discurso nos textos matemáticos. Este livro contempla dois trabalhos que constituíram essa mesa: o de Jairo Araujo Lopes – docente e pesquisador da PUC-Campinas –, que traz para o debate a questão do livro didático de Matemática, e o de Maria Conceição Ferreira Reis Fonseca – pesquisadora do Núcleo de Educação de Jovens e Adultos da Faculdade de Educação da UFMG –, que, juntamente com Cleusa de Abreu Cardoso, pesquisadora do Instituto Superior de Educação Anísio Teixeira, propõe uma discussão sobre os textos utilizados nas aulas de Matemática.

Entre as leituras que o professor que ensina Matemática realiza, sem dúvida, a mais presente é a do livro didático. "É inegável a importância do livro didático de Matemática na educação brasileira, tanto pelo aspecto histórico no processo ensino-aprendizagem desta disciplina quanto pelo que ele representa nas aulas, segundo a maioria dos professores." É com essa afirmação que Jairo Araújo Lopes inicia seu artigo intitulado "O livro didático, o autor e as tendências em Educação Matemática". Como sugerido no próprio título, o autor analisa a trajetória histórica do livro didático no Brasil – em especial, o de Matemática – e os papéis que o mesmo vem desempenhando, ou não, frente às tendências da Educação Matemática. Apoiando-se nas categorizações do discurso, propostas por Orlandi (2002), o autor, ao analisar a trajetória histórica do livro didático, considera que seus autores, até a primeira metade do século XX, adotavam um *discurso autoritário* ("o referente está apagado pela relação de linguagem que se estabelece e o locutor se coloca como agente exclusivo, apagando também a relação com o interlocutor"). No entanto, questiona o quanto, a partir da década de 1980, os autores de livros didáticos não conseguiram incorporar os novos discursos que vêm permeando as práticas escolares: *o discurso polêmico* ("aquele em que a polissemia é controlada, o referente é disputado pelos interlocutores, e estes se mantêm em presença, numa relação tensa de disputa dos sentidos") ou o *discurso lúdico*, enquanto jogo de linguagem, no qual a polissemia deve ocorrer livre. Analisa, ainda, a possibilidade de um livro didático contemplar ou não as tendências didático-pedagógicas recentes, como a interdisciplinaridade.

Maria da Conceição Ferreira Reis Fonseca e Cleusa de Abreu Cardoso, no texto "Educação Matemática e letramento: textos para ensinar Matemática, Matemática para ler o texto", trazem, de forma interessante, uma discussão sobre as relações entre Linguagem e Matemática e sobre a intenção discursiva e as práticas de leitura nas aulas de Matemática. Três são as perspectivas abordadas na leitura: textos matemáticos – enunciados de questões e de problemas e textos didáticos que abordam conteúdos escolares de Matemática, apresentados por livros didáticos ou paradidáticos –; textos trazidos às aulas para se ensinar Matemática – principalmente aqueles com objetivo de "contextualizar" o ensino de Matemática para a "realidade do aluno", como: anúncios de produtos, mapas, contas de serviços públicos, etc. –; e textos que demandam a mobilização de conhecimentos matemáticos para a sua leitura. Quanto a essa última perspectiva, as autoras analisam a "relação entre as práticas de leitura e a atividade matemática com as possibilidades de trabalho interdisciplinar, salientando a relevância desse trabalho justamente por sua inferência nas práticas de leituras escolares".

Outra mesa-redonda que compôs o I Seminário sobre Educação Matemática no 14º COLE foi intitulada "*Literacia* Estatística". Duas componentes dessa mesa, Carolina Carvalho – que também proferiu a palestra de abertura – e Celi Aparecida

Espasandin Lopes, – docente da Universidade Cruzeiro do Sul, em São Paulo –, são as responsáveis pelo texto "*Literacia* Estatística na Educação Básica". O termo *Literacia Estatística* vem sendo utilizado como a capacidade para interpretar argumentos estatísticos, dispostos em jornais, notícias e informações diversas; trata-se de uma competência que vai além da computacional, alargando-se pela literacia numérica necessária às populações que podem ser constantemente bombardeadas com dados sobre os quais têm de tomar decisões.

Nesse texto, as autoras discutem algumas idéias sobre a Educação Estatística e, em particular, a necessidade do domínio da *literacia* estatística por todas as pessoas na sociedade atual. Para isso, há um destaque no enfoque curricular a esse tema e suas implicações para a sala de aula, uma vez que um dos grandes desafios para os professores que ensinam Matemática na Educação Básica é despertar e motivar os estudantes a desenvolver o pensamento estatístico e probabilístico.

A mesa-redonda "Linguagem Matemática e Sociedade", que tinha como objetivo levantar questões sobre as relações entre Matemática e Sociedade, numa perspectiva crítica, está neste livro representada pelos artigos das docentes Roseli Alvarenga, do Departamento de Matemática da Universidade Federal de Ouro Preto, e Valéria de Carvalho, docente da Unip, Unisal e Politécnica de Jundiaí e doutoranda em Educação Matemática – FE – Unicamp.

O texto de Roseli Alvarenga, intitulado "Linguagem Matemática, Meios de Comunicação e Educação Matemática", parte de uma discussão sobre as relações e imbricações entre linguagem e linguagem matemática e contém uma análise de como a linguagem matemática se apresenta na sociedade através dos meios de comunicação. Entre estes, a autora faz um destaque especial para o uso do jornal como recurso didático e, especialmente, para a linguagem matemática que se faz presente nesses textos. Argumenta a favor do uso do jornal em sala de aula não como um meio em si mesmo, mas como um recurso que pode promover a aprendizagem dos alunos e a formação da cidadania.

O texto "Linguagem Matemática e sociedade: refletindo sobre a ideologia da certeza", de Valéria de Carvalho, constitui-se num convite ao leitor para analisar a linguagem matemática, a Educação Matemática e a sociedade com um olhar crítico e ideológico. Apoiando-se em teóricos com posições marcadamente críticas (Skovsmose, Freire, D'Ambrosio), instiga-nos a refletir sobre o sentido de se pensar a alfabetização matemática, como competência democrática numa sociedade capitalista marcada pelas desigualdades socioculturais. Nesse contexto, analisa o papel dos meios de comunicação na Educação Matemática dos sujeitos da escola, bem como as dimensões políticas da Matemática, alinhadas com a ideologia da certeza. Analisa, ainda, os mitos da objetividade e da neutralidade da Matemática, tomando como referência alguns números-índices do Brasil relativos a salários, inflação, IPC, dentre outros, com o objetivo de nos suscitar reflexões de que "o conhecimento não pode ser completamente separado das pessoas que o produzem, ele não é em si mesmo neutro, isento de valores e objetivo".

Do debate ocorrido na mesa-redonda "Linguagem e comunicação nas aulas de Matemática", contamos com os artigos de Vinício de Macedo Santos, docente e pesquisador da Faculdade de Educação da USP, e Sandra Augusta Santos, docente e pesquisadora em Matemática Aplicada do IMECC/Unicamp.

Vinício de Macedo Santos, em seu texto "Linguagem e Comunicação nas aulas de Matemática", apresenta-nos uma discussão teórica sobre as diferentes abordagens para essa temática. Destaca que a aula de Matemática é um contexto de comunicação que se estabelece na interação do professor com o aluno e deste com os seus pares. Esse contexto pode abarcar todas as interações verbais, assim como a ausência de comunicação: "silêncios, perguntas sem respostas, respostas sem perguntas, desencontro entre discursos, linguagens e tempos". Aponta que essas discussões ganharam destaque após o Movimento da Matemática Moderna, sob influência das discussões do NCTM e, em especial, da resolução de problemas. As novas orientações para o ensino de Matemática passam a considerar "como relevantes o desenvolvimento da capacidade de comunicar, justificar, conjeturar, argumentar, partilhar, negociar com os outros as suas próprias idéias". Atualmente, segundo o autor, as discussões sobre comunicação na aula de Matemática podem ser consideradas sob duas perspectivas: as formas de interação e discursos utilizados por alunos e professores; as representações simbólicas e algumas práticas discursivas utilizadas com vistas à compreensão dos significados matemáticos.

O texto de Sandra Augusta dos Santos, "Explorações da linguagem escrita nas aulas de Matemática", contempla suas análises e reflexões sobre a prática da escrita adotada em suas disciplinas de Cálculo, Álgebra Linear e Geometria e em cursos de especialização. Os instrumentos utilizados pela autora em suas aulas são: diários, glossários, mapas conceituais, cartas e outros pequenos textos. A autora defende a potencialidade dessa prática para o resgate afetivo na relação professor-conteúdo-aluno, bem como para a organização do raciocínio, num processo de aprendizagem diferenciado de apropriação e significação. Esse material também se constitui em "instrumento para avaliação processual da aprendizagem, possibilitando, tanto para o aluno quanto para o professor, detectar os aspectos já compreendidos, ou ainda nebulosos, acerca dos assuntos abordados".

Da mesa-redonda "As inter-relações entre iniciação matemática e alfabetização", temos as contribuições de Maria Cecília Gracioli Andrade, coordenadora do Curso de Educação Infantil da Escola Comunitária de Campinas. Em seu texto – com o mesmo título da mesa –, apresenta-nos diferentes formas de expressões e de leituras que o homem utiliza para compreender a si mesmo, os outros e o mundo onde vive. Suas idéias são ilustradas por essas formas que, direta ou indiretamente, se fazem presentes nos Projetos Integrados de Área, desenvolvidos na Educação Infantil, na Escola Comunitária de Campinas, e podem materializar-se em fotos, figuras de barracas de festa junina, representações matemáticas, maquete, gráficos, obra de arte, tabelas, romance, música e poema. Como a própria autora afirma, através dessas formas de expressão, "podemos fazer diferentes tipos de leitura, algumas mais, outras menos significativas para cada um de nós; duas pessoas, diante de uma mesma imagem, melodia, gesto..., podem fazer leituras diferentes, influenciadas pela sua história de vida pessoal, social e cultural, pelos conhecimentos prévios, pelas emoções despertadas, etc. Todos nós, certamente, após cada leitura e interpretação, não seremos mais os mesmos."

O evento encerrou-se com a mesa-redonda "Os processos de formação dos professores que ensinam Matemática: uma leitura a partir do COLE", na qual Adair Mendes Nacarato – docente e pesquisadora do Programa de Pós-Graduação Stricto Sensu em Educação da Universidade São Francisco, Itatiba/SP –, Diana Jaramillo – docente e coordenadora da Universidad Industrial de Santander/ Bucaramanga/Colômbia –, e Maria Teresa Menezes Freitas – doutoranda na FE/Unicamp e docente da Universidade Federal de Uberlândia/MG – ficaram responsáveis por fazer uma avaliação dos trabalhos do seminário com vistas a um debate sobre as questões relativas à formação do professor, decorrentes das discussões realizadas ao longo do evento. O resultado desse trabalho encontra-se no último artigo deste livro, que tem como título "Diversos caminhos de formação: apontando para outra cultura profissional do professor que ensina Matemática". Nele, as autoras fazem uma análise teórico-reflexiva sobre as implicações dos trabalhos apresentados no COLE para a formação docente, sintetizando as discussões ocorridas em três grandes eixos: 1) saberes dos professores; 2) a produção escrita e a leitura na sala de aula; 3) inter-relações emergentes na sala de aula e na constituição do professor de Matemática.

No que diz respeito aos saberes docentes, as discussões convergiram para a importância do saber compartilhado e da troca de experiências – no sentido atribuído por Larrosa – para a constituição da identidade do professor e de sua aprendizagem. Considerando as apresentações ocorridas durante o seminário, são analisados os saberes manifestados e as experiências compartilhadas, as fontes e as formas de constituição dos saberes docentes, razões pelas quais os professores compartilham experiências, e o que fica para os professores formadores.

Muitos dos textos presentes neste livro contemplam a temática da produção escrita e da leitura, na sala de aula, com diferentes enfoques: 1) leitura e escrita em linguagem gráfica; 2) leitura e escrita em grupos colaborativos; 3) leitura e escrita em contextos de formação docente; 4) leitura e escrita em sala de aula da educação básica; 5) comunicação escrita mediada por ambientes computacionais e 6) leitura e escrita de textos didáticos. Tais enfoques constituíram-se em reflexões teóricas das autoras.

Além desses dois eixos, as autoras constataram a emergência de algumas questões que não podem deixar de ser contempladas no saber docente e na própria constituição do professor: (1) a disponibilidade para o trabalho coletivo e colaborativo; (2) a apresentação aos alunos de tarefas ricas e variadas; (3) os desafios postos pelo mundo da incerteza; (4) a ruptura com a visão disciplinar e a incorporação da interdisciplinaridade; (5) o uso de novas tecnologias; (6) o reconhecimento da historicidade; (7) a inclusão informacional e (8) o papel do aluno e do professor como sujeitos do conhecimento.

As autoras finalizam suas reflexões, destacando o nível de envolvimento e o comprometimento de professores e pesquisadores nesse evento.

Comunicações e interacções sociais nas aulas de Matemática[1]

Carolina Carvalho

Neste artigo pretendemos discutir algumas ideias apoiadas na Psicologia acerca de explicações possíveis para os progressos apresentados pelos alunos quando realizam colaborativamente actividades de Matemática. Quando se realizam tarefas de forma colaborativa na sala de aula, mais facilmente se discutem e explicam ideias, se expõem, avaliam e refutam pontos de vista, argumentos e resoluções, ou seja, criam-se oportunidades de enriquecer o poder matemático dos alunos pois cada um dos parceiros está envolvido na procura da resolução para a tarefa que têm em mãos. Mas, como e porquê esta forma de trabalhar gera mais valias para os alunos? Responder a esta questão é um desafio para a investigação e para os educadores pelas consequências que tem na sala de aula e à qual procurarei dar um pequeno contributo com o trabalho que seguidamente será apresentado.

Nos últimos 20 anos, na Psicologia, um número significativo de investigações tem evidenciado as potencialidades das interacções sociais na apropriação de conhecimentos e na mobilização de competências, fruto de novos olhares acerca da forma como aprendemos. Quando pensamos na sala de aula, um dos resultados mais consequentes de algumas dessas investigações foi mostrar como a construção do conhecimento e os mecanismos que lhe estão subjacentes não são socialmente neutros ou simples e que, quando os diferentes parceiros se envolvem num esforço conjunto para resolver uma tarefa, tiram benefícios próprios pois constroem soluções para a tarefa que individualmente não conseguiriam. Interagir com um ou mais parceiros pressupõe que se trabalhe em conjunto com outro, e quando se trabalha colaborativamente espera-se que ocorram certas formas de interacções sociais responsáveis pelo activar de mecanismos cognitivos de aprendizagem, como a mobilização de conhecimentos.

---

[1] O presente texto foi mantido na versão original (Português/Portugal).

No entanto, muito ainda precisa de ser esclarecido, uma vez que as interacções sociais são processos complexos e dinâmicos, necessitando, por isso mesmo, de continuar a ser estudadas detalhadamente para que, cada vez mais, se possam compreender os processos em jogo e, posteriormente, aproveitar, de um ponto de vista pedagógico, todas as suas potencialidades para a prática lectiva.

Quadro de referência teórico

Nas duas últimas décadas, a investigação tem mostrado que, quando os alunos têm a possibilidade de trocar pontos de vista, de discutir resoluções, de verificar que a mesma tarefa pode ter desfechos diferentes, de assistir ao desenvolvimento de um argumento pessoal por um outro colega, ter de explicar como se descobriu um resultado, é benéfico para o desenvolvimento das suas competências. Mas também tem evidenciado que: (a) a tarefa e as instruções de trabalho dadas aos alunos, (b) os próprios alunos, nomeadamente o seu auto-conceito e a sua auto-imagem, (c) o conteúdo curricular sobre o qual incide a tarefa, (d) as expectativas criadas em torno da própria tarefa, (e) o estatuto académico dos outros colegas com quem tem de resolver a tarefa, (f) o contexto onde a tarefa lhe é proposta (sala de aula, outra sala da escola, laboratório, visita de estudo, recreio), (g) a pessoa que propõe a tarefa ao aluno (o próprio professor, um outro professor, um colega, um investigador que o aluno conhece pela primeira vez naquele momento ou que já conhece por ter estado presente noutras situações como observador na sala de aula) não são elementos secundários à actividade do aluno.

O conflito sócio-cognitivo

Nos finais dos anos 1970, investigadores da escola de Génève, para clarificarem os mecanismos em jogo nas interacções sociais, exploraram a noção de conflito socio-cognitivo. Se as primeiras investigações onde esta noção surge se limitavam a situações de laboratório (CARUGATY; MUGNY, 1985), nos últimos anos assistimos a novos desenvolvimentos desta noção, atendendo às suas potencialidades na compreensão dos progressos dos sujeitos que trabalham colaborativamente (LITTLETON; HAKKINEN, 1999).

Entende-se hoje, e de uma forma simples, esta noção como o confronto entre dois pontos de vista distintos quando dois sujeitos, que podem ser dois alunos se estivermos a pensar na sala de aula, se debatem um com o outro, em relação a uma tarefa que ambos têm de resolver. Cada um, ao possuir diferentes saberes e competências, fruto das suas vivências e experiências pessoais, vai ter de negociar significados e representações de onde possam surgir conflitos entre ambos, embora mantendo um nível mínimo de compreensão mútua. A noção de conflito socio-cognitivo revela assim a necessidade de um outro responsável por uma perspectiva individual alternativa.

Mas, para além dos contributos individuais que cada um dos sujeitos pode dar, a interacção social estabelece-se num determinado contexto, ele próprio gerador de expectativas, de interpretações para a situação e espaço para a negociação de estratégias de resolução para a tarefa. Assim, podemos afirmar que o contexto não é neutro em relação ao desempenho que podemos observar nos sujeitos nem tão pouco pode ser limitado ao espaço físico onde a interacção acontece, já que se modifica à medida que a própria interacção se vai desenrolando. Uma nova definição de contexto, mais dinâmica, torna-se necessária uma vez que este é (re)criado pelo próprio desenvolvimento da interacção à medida que os parceiros envolvidos na situação vão fazendo interpretações do que está a acontecer, fruto das vivências pessoais de cada um e dos conhecimentos que individualmente possuem e precisam mobilizar naquele momento.

O parceiro com quem interagimos, enquanto realizamos uma determinada actividade, tem um papel determinante no funcionamento interpsicológico do par. Quando dois alunos se empenham activamente num confronto sociocognitivo com o objectivo de resolver uma tarefa na sala de aula, estão presentes diferentes argumentos e pontos de vista, ou seja, o traço cognitivo do conflito. Contudo, além deste traço cognitivo, o sujeito tem igualmente de conseguir gerir o traço social da interacção, fundamental num contexto colaborativo, expresso no comportamento do outro e nas interpretações que faz acerca desse mesmo comportamento, havendo, por isso, a necessidade de gerir uma relação interpessoal ao mesmo tempo que se negoceiam abordagens e estratégias de resolução diferentes. É pelo facto dos dois parceiros terem de justificar o seu ponto de vista, argumentar acerca das suas resoluções para as justificar ao seu par e negociar que faz com que, num contexto de trabalho colaborativo, nenhum imponha o seu ponto de vista, ao contrário do que acontece, por exemplo, numa situação hierárquica.

Além disso, como a situação colaborativa em que participam é reveladora da diversidade existente entre ambos, cada um dos elementos tem de se confrontar com as diferenças entre as suas respostas e as respostas do outro, o que implica também aprender a gerir aspectos relacionais.

Deste processo resulta um duplo desequilíbrio: por um lado, inter-individual, isto é, entre os dois parceiros; por outro, intra-individual, quando o sujeito se questiona acerca da sua resposta face a uma outra que foi encontrada pelo seu parceiro. Resolver um conflito socio-cognitivo obriga o sujeito a ultrapassar uma situação de conflito cognitivo, ao mesmo tempo que tem de gerir uma relação social com um parceiro com o qual terá de coordenar pontos de vista para chegar a um consenso e, assim, resolver a tarefa.

Porém, também não basta que os sujeitos produzam diferentes respostas; é necessário que se confrontem com elas de um modo interactivo e dinâmico, isto é, é preciso que os dois sujeitos resolvam o desacordo, (re)construindo argumentos, estratégias e significados. Consequentemente, a aprendizagem passa a ser concebida como estando mediada por indivíduos activamente envolvidos a participar em tarefas e não como uma transmissão de conhecimentos. Aprender necessita de interpretação para relacionar a nova informação com conhecimentos anteriores e com as vivências pessoais. A heterogeneidade fundamental para que ocorram interpretações divergentes, atendendo às diferenças individuais dos alunos, facilmente acontece na sala de aula; e mais do que procurar aproximar todos os alunos, anulando as suas diferenças, há que aceitar o desafio de as catalisar e considerá-las um recurso do grupo.

Segundo Carugati e Mugny (1985), a resolução de um conflito pode ser conseguida de uma forma relacional ou cognitiva. Enquanto que a primeira se tem revelado pouco consequente para os sujeitos que a adoptam, a segunda tem mostrado grandes potencialidades pedagógicas ao reforçar a importância da introdução de práticas na sala de aula facilitadoras do desenvolvimento de competências de argumentar, de negociar e de comunicar.

Quando pensamos em muitas das nossas salas de aula, constatamos que os alunos ainda estão pouco habituados a interagir entre si, aceitando uma reciprocidade nos estatutos sociais dos pares e nas suas capacidades e conhecimentos, ou seja, uma estrutura horizontal. A experiência passada dos alunos, em que o mais frequente é uma hierarquia vertical com o professor a controlar as interacções na sala de aula, pode dificultar o seu empenhamento na procura de uma resolução comum, isto é, aceitar colaborar activamente com um parceiro com o objectivo de resolver a tarefa.

Nas escolas portuguesas, o mais frequente ainda é as interacções verticais, em que o professor interage com os alunos mantendo sempre uma liderança na condução do processo interactivo e, muitas vezes, da resolução das tarefas que propôs aos alunos. Por exemplo, quando escolhe o aluno que fala, quando decide a ordem das intervenções, quando faz perguntas e pede esclarecimentos, quando comunica com olhares, gestos ou sorri, quando deixa cair uma intervenção de um aluno ou quando o encoraja a desenvolver os seus pontos de vista.

Porém, o interesse dos professores por práticas educativas que privilegiem as interacções sociais, como chamam a atenção Perret-Clermont e Nicolet (1988), é condicionado pela compreensão que têm dos processos subjacentes aos fenómenos de transmissão e apropriação dos conhecimentos, ou seja, aceitar a aprendizagem como uma construção, como partilha de saberes e competências, isto é, a natureza interactiva da aprendizagem.

A outra noção, que, de um ponto de vista da Psicologia, sustenta o porquê dos benefícios para os alunos quando interagem entre si, são as dinâmicas de interacção.

As dinâmicas de interacção

Quando um aluno tem de formular uma resposta cognitiva para uma tarefa, começa por construir uma representação da própria tarefa, dos conhecimentos que julga serem necessários e da sua finalidade. Paralelamente, se estiver a trabalhar com outro, pode acontecer que essa mesma situação esteja a ser vivida por este sujeito de uma outra forma, e a partir de agora "as novas cognições vão construir-se num jogo social complexo no qual a negociação do significado vai ter um lugar determinante" (GILLY; ROUX; TROGNON, 1999, p. 22). Esta negociação é uma forma subtil e implícita de construir um significado para a situação através da comunicação, não podendo, por isso mesmo, ser entendida como um acordo pré-existente entre dois sujeitos, com o objectivo de resolver uma tarefa proposta, mas como uma actividade cognitiva dinâmica e complexa.

De um modo geral, durante uma interacção entre dois alunos que procuram resolver uma tarefa, assistimos a sequências de trabalho cognitivo tanto individual como social. Frequentemente, começam por procurar encontrar individualmente uma solução, mobilizando um conjunto de competências e conhecimentos que consideram necessários para atacar a situação. Depois, um deles pode iniciar uma sequência interactiva desencadeada pela sua proposta de estratégia de resolução que, por sua vez, irá originar uma reacção no colega. Esta sequência interactiva, que tanto pode durar alguns minutos como breves segundos, termina quando se chega (a) a um impasse, (b) a uma resolução já proposta por um dos elementos ou (c) a uma nova solução co-elaborada em conjunto.

Nos finais dos anos 1980, Gilly, Fraisse e Roux (1988) falam de quatro tipos de co-elaboração presentes quando dois sujeitos trabalham em conjunto na procura de uma solução para uma tarefa proposta. Segundo estes autores, quando analisamos diferentes protocolos com transcrições de interacções sociais, são os dois primeiros os que se revelam mais consequentes nos progressos dos alunos.

Os quatro tipos de co-elaboração considerados por Gilly, Fraisse e Roux (1988) são os seguintes:

1. Co-elaboração por consentimento

Um aluno *A* elabora ou esboça uma solução e propõe-na a um colega *B* com quem está a trabalhar. Este, sem oposição nem desacordo, escuta e dá *feedback* positivo, que tanto pode ser verbal como gestual. O aluno *B*, que não tem uma atitude passiva, uma vez que vai seguindo tudo aquilo que o colega vai dizendo e fazendo, parece construir em paralelo uma resposta semelhante ao aluno *A*. A adesão à resposta do colega não é falsa, sendo, pelo contrário, um acordo cognitivo na forma de uma co-elaboração por consentimento, onde o aceitar dos argumentos do colega funciona como um reforço positivo que controla a resposta proposta por um, mas aceite pelos dois.

É difícil saber se o aluno *B* age assim porque não tem nada melhor a propor ou se, apesar de ter alguma estratégia de resolução diferente, deixa que seja o *A* a tomar a iniciativa de expressão tanto mais que, ao longo de toda a interacção, os papéis podem ir sendo invertidos.

Esta situação, tal como as três abaixo, está presente na seguinte interacção entre dois alunos do sétimo ano de escolaridade enquanto resolviam a seguinte tarefa, que faz parte de uma investigação mais ampla (CARVALHO, 2001): "A média de quatro números é 25. Três desses números são 15, 25 e 50. Qual é o número que falta?"

B- Somamos isto para ver quanto é que dá.

C- [Recorre à calculadora e faz a soma]. Deu 90.

B- 90...90... para dar a média de 25 temos de dividir por quatro ...

C- Então temos de ter mais um porque aqui [aponta para a folha] falta um para depois termos os números para fazer a média.

B- 100 a dividir por 4 dá 25. Aqui deu o 90, por isso é o 10. Temos que meter o 10, tem de ser o 10.

C- [Faz os cálculos na calculadora] 90 mais 10 é 100. 100 a dividir por quatro, porque são o 15, 25, 50 e o 10, dá o 25 que é a média.

2. Co-elaboração por co-construção

Neste tipo de co-elaboração, assistimos a uma verdadeira co-construção de uma solução, sem que haja uma manifestação observável de desacordos ou contradições entre os dois alunos que estão a trabalhar em pares com o objectivo de resolver uma tarefa.

O aluno *A* começa uma frase ou ideia, *B* continua-a. Então o aluno *A* retoma novamente a sua ideia inicial quando *B* termina, e assim sucessivamente, co-elaborando uma solução a dois. Não é fácil saber se cada um dos alunos chegaria à mesma solução se estivesse a trabalhar isoladamente; o que se verifica é que cada um aproveita a ideia do colega para o seu raciocínio. Cada um dos alunos reforça o que o colega vai dizendo quando utiliza a sua ideia.

Contudo, a aparente harmonia não exclui a possibilidade de as intervenções de um aluno perturbarem o outro, ou desencadearem uma ideia impossível sem esta dinâmica. Este tipo de co-elaboração tem um efeito duplo para cada um dos sujeitos: abre um campo de possibilidades de resoluções ao mesmo tempo que desencadeia perturbações nas resoluções inicialmente encontradas. Vejamos um exemplo:

M- Temos que ter mais um número.

G- Pois, só temos três, e é a média de quatro números.

M- Falta um. Temos que descobrir o outro.

G- Descobrir como? Temos é que meter estes 15, 25 e 50 e fazer contas.

M- Estás a fazer o quê?

G- A somar números e ver se depois dá o 25.

M- Metes ao calhas e nunca mais daqui saímos.

G- Mas estou a somar estes que nos deram e ver qual é o que dá... deu 90.

M- 90 é o que dá estes ... e falta outro para dar o 25. É 90 mais um a dividir por quatro para dar o 25.

G- 91 a dividir por quatro?

M- Não, um número.

G- Ahm! ... 100 a dividir por quatro é que dá o 25.

G e M - Então faltamos o 10 [em simultâneo].

3. Co-elaboração por confronto com desacordo

O aluno A propõe uma ideia que não é aceite por B, que, por sua vez, exprime o seu desacordo mas sem argumentar ou propor algo novo. Então, o aluno B pode retirar-se para um trabalho individual ou procurar justificar o seu ponto de vista repetindo a sua ideia inicial ou exprimindo-a de uma outra maneira.

P- Temos que meter aqui um número... vou experimentar o 25.

R- Mas o que vais fazer?

P- Eu cá vou fazer assim. Vou meter números para encontrar o que falta. Vou começar de cinco em cinco.

R- Nunca mais vais é acabar.

P- Então diz lá a tua ideia.

R- Não tenho, mas acho que assim nunca mais acabas.

4. Co-elaboração por confrontos contraditórios

O aluno A emite uma ideia, e o aluno B reage discordando e argumentando com outra. Verifica-se uma oposição de respostas e não somente um desacordo. Seguidamente, assiste-se a um confronto que pode ter dois desfechos: uma situação de impasse, cada aluno fica com a sua posição inicial, entrando numa fase de trabalho individual; ou os dois procuram chegar a um acordo com base na ideia inicial de um ou de outro, provando experimentalmente cada uma das hipóteses de resolução ou, então, elaborando uma nova ideia.

M- O que estás a fazer?

G- Multipliquei o 25 pelo 4 e deu-me 100. Tirei os 90 que dava todos e deu-me o 10.

M- Está mal porque se é a média é para somar. A tua está mal. Eu fui metendo números ao 90 até que cheguei ao 10.

G- Por isso a multiplicação é melhor.

M- Mas o problema é que se é média não é vezes. É uma soma.

G- Mas às vezes também pode ser vezes. Se não fosse o 10, ainda não tinhas acabado.

M- Não interessa, o teu assim está mal...[levanta-se e vai falar com o melhor aluno da turma].

As várias formas de interacção observadas e geradas em torno da mesma tarefa matemática proposta aos alunos mostram bem que a tarefa e as instruções de trabalho não são elementos neutros quando pensamos numa sala de aula. Este facto levamos até à seguinte pergunta: quais as tarefas e que os alunos revelam melhores desempenhos?

Quebrar com a tradição de que o diálogo na sala de aula é, na maior parte das vezes, conduzido pelo professor e, no caso concreto da sala de aula de Matemática, este se limita, muitas vezes, a um conjunto de perguntas fechadas que esperam respostas concretas e imediatas obriga a pensar que as propostas feitas aos alunos não podem continuar a ser resolver exercícios rotineiros de aplicação de matéria dada onde o treino está fortemente presente. Para Borasi (1986), se queremos mudar isto, temos que dar aos alunos tarefas variadas e ricas, mas temos também de saber retirar implicações pedagógicas dessas mesmas tarefas.

A Literatura tem vindo a mostrar como os alunos obtêm melhores desempenhos em tarefas não-habituais, isto é, diferentes dos tradicionais exercícios de Matemática. Mas, mais do que as tarefas *per si*, é a forma como são trabalhadas na sala de aula que faz a diferença, como afirmam Ponte *et al.* (1998):

> Não basta quando se oferecem aos alunos experiências matemáticas mais interessantes. Na verdade, ao pretender que os alunos desenvolvam a capacidade de formular problemas, de explorar, de conjecturar e de raciocinar matematicamente, que desenvolvam o seu espírito crítico e a flexibilidade intelectual é-se levado a um outro modo de conceber o ensino e a criar um outro ambiente de aprendizagem. (p. 11)

É o facto de permitirem romper muitos aspectos do contrato didáctico tradicional existente na sala de aula, que torna as tarefas facilitadoras de dinâmicas interactivas responsáveis por situações em que se desenvolvem capacidades de argumentar e comunicar matematicamente; e, mais tarde, quando o aluno realiza sozinho as tarefas, consegue utilizar as competências adquiridas ao longo do processo interactivo como, por exemplo, o questionar-se acerca das suas próprias estratégias ou acerca do processo que o levou até elas. Esses são aspectos fundamentais para detectar respostas incorrectas ou para encontrar alternativas às resoluções descobertas.

Concretamente, no caso da Matemática, as tarefas e as instruções de trabalho fornecidas têm um papel essencial nos tipos de práticas de sala de aula que se promovem. Como sugere o relatório para a Renovação do Currículo da Matemática elaborado pela Associação dos Professores de Matemática portugueses (A.P.M., 1995), o factor que pode ser realmente decisivo na transformação positiva da Matemática escolar não é tanto a alteração dos conteúdos nem a introdução de novas tecnologias, mas, sim, a mudança profunda nos métodos de ensino, na natureza das actividades dos alunos (p. 55).

Podemos ler ainda, no mesmo documento, que a natureza das actividades propostas aos alunos na sala de aula é uma questão central no ensino desta disciplina. Por outras palavras, as tarefas, mais de tipo dos tradicionais exercícios ou trabalho de projecto, e a forma de trabalhar com elas na sala de aula, trabalho individual ou colaborativo, devem facilitar ao aluno expor as suas ideias, ouvir as dos seus colegas, levantar questões e discutir estratégias e soluções, argumentar e criticar. Porém, se as propostas de trabalho apresentadas pelo professor são cruciais, o modo como as trabalha com os alunos não é menos importante. Não basta oferecer aos alunos experiências matemáticas interessantes; a mesma tarefa apresentada por dois professores diferentes pode levar a resultados muito distintos. Assim, o contrato didáctico que o professor estabelece com os alunos joga um papel fundamental no modo como decorrem as práticas de sala de aula, nomeadamente no envolvimento dos alunos nas tarefas propostas e no clima de trabalho criado. As interacções entre o professor e os alunos e entre os próprios alunos, por estimularem a sua actividade criativa e os levarem a novas formas de compreensão das ideias matemáticas, são essenciais no processo de aprendizagem e um indicador do ambiente de aprendizagem que se vive numa sala de aula.

Tudo o que dissemos anteriormente suscita uma pergunta frequente na cabeça de muitos professores quando pensam nos seus alunos e na forma como lhes vão propor uma actividade matemática ou como os vão juntar para a fazerem. Como distribuir os alunos para conseguir que se beneficiem com o facto de estarem a trabalhar dois a dois na sala de aula?

Pelo que acabámos de referir ao longo desta comunicação, esta pergunta não tem uma resposta imediata. Vejamos porquê.

Quando sentamos dois alunos um ao lado do outro, eles vão ter diversas oportunidades de trocarem informações, de interagirem, de descobrirem o que cada um pensa e sabe acerca da tarefa que têm para resolver. E isso será positivo. No entanto, para isso acontecer, o contrato didáctico implementado na sala de aula deverá possibilitar aos alunos essa troca, deverá possibilitar que se envolvam, discutam entre si sem medo de errarem ou de serem criticados, e, por fim, terminem a tarefa com o sentimento de satisfação pelo que realizaram, mesmo sabendo que podem existir outras formas de o fazer. Senão, pode acontecer que, apesar de estarem os dois sentados lado-a-lado, aproveitem pouco com a situação, manifestando mesmo desempenhos pobres e pouco elaborados matematicamente. Isso nem sequer deveria constituir uma grande surpresa, visto que, nalgumas escolas, nomeadamente em Portugal, os alunos se encontram frequentemente numa mesa na sala de aula com um colega, sem que isso promova os seus desempenhos matemáticos.

Assim, colocar distraidamente dois alunos um ao pé do outro, deixá-los sentarem-se com quem querem, seguir a ordem numérica dos alunos na turma ou sentar um aluno bom ao pé de um outro mais fraco não parece ser a forma mais eficaz para potencializar o facto de os alunos, em muitas escolas, estarem sentados aos pares.

As investigações revelaram que, quando no contrato didáctico que o professor estabelece com os alunos é explicitado que têm de colaborar, de discutir entre si até encontrarem uma resolução com que ambos concordem, eles apresentam desempenhos mais ricos comparativamente a alunos onde isto não acontece. Ao analisar os protocolos dos alunos, verificamos que as trocas socio-cognitivas que os dois elementos estabeleceram são o fruto de uma co-construção que coloca em jogo simultaneamente competências cognitivas, mas também capacidades e atitudes individuais de adaptação social ao outro, de forma a regularem a troca verbal e relacional enquanto realizavam a tarefa.

Este último aspecto deve merecer cada vez mais a nossa atenção dado que o nosso comportamento é, assim, modificado em função da ideia "do que acho que o outro acha do que fiz anteriormente e também do que o outro espera de mim" (GONZALES, 1998, p. 585). Entra-se, portanto, no campo do implícito da comunicação que faz com que o comportamento de um aluno, quando está a trabalhar com outro, tentando resolver uma tarefa, não possa ser considerado como algo asséptico. Ele é algo dinâmico, que se constrói e reconstrói, à medida que o jogo das interacções sociais vai sendo jogado pelos vários parceiros (CARVALHO; CÉSAR, 1999).

É este processo que iremos procurar ilustrar, partindo da análise que realizámos de uma interacção estabelecida entre dois alunos enquanto resolviam uma tarefa não-habitual de Estatística.

Metodologia

A interacção da Cátia e do Aleixo, que iremos analisar, faz parte de uma investigação mais vasta (CARVALHO, 2001) com uma metodologia de investigação de inspiração *quasi-experimental* com três momentos distintos – pré-teste (trabalho individual), programa de intervenção (trabalho com um colega), pós-teste (trabalho individual) – e com um grupo de controlo e um grupo experimental. O objectivo principal da investigação era compreender os efeitos do trabalho colaborativo e de tarefas não-habituais em dois grupos de alunos do sétimo ano de escolaridade, com idades compreendidas entre os 11 e os 14 anos. O par da Cátia e do Aleixo, tal como mais 135 pares, faz parte deste segundo grupo.

A investigação foi realizada em duas escolas na região de Lisboa durante dois anos lectivos consecutivos, sendo o segundo ano de replicação do estudo. No início de cada ano lectivo, todos os alunos do sétimo ano de escolaridade resolviam em setembro a Escala Colectiva de Desenvolvimento Lógico (E.C.D.L.) e uma tarefa habitual de Estatística (pré-teste) realizada após esta unidade curricular ter sido leccionada e dada por concluída pelo professor de Matemática. Os desempenhos conseguidos pelos alunos nestas duas tarefas serviam de critério para a formação do grupo de controlo e para a formação do grupo experimental, tendo em atenção que a unidade de constituição dos grupos era a unidade turma. No caso do grupo experimental, foi também o critério para a formação dos diversos tipos de pares.

Em diferentes momentos, e para cada uma das turmas pertencentes ao grupo experimental, os alunos resolviam em pares três tarefas não-habituais de Estatística, consideradas na Literatura como problemas, e participavam numa discussão geral com a investigadora. As aulas em que os alunos não realizavam o trabalho em pares, bem como nas turmas do grupo de controlo, decorriam conforme a planificação do professor no início do ano lectivo. Uma semana após o trabalho em pares ter sido terminado, os alunos pertencentes a ambos os grupos realizavam a tarefa habitual de Estatística correspondente ao pós-teste e, no final do ano lectivo, resolviam novamente a Escala Colectiva de Desenvolvimento Lógico.

O aceitar de um desafio: o exemplo da interacção da Cátia e do Aleixo

Caracterização do par

Quando se inicia o sétimo ano, em setembro de 1997, a Cátia tem 12 anos, a idade esperada para frequentar este ano de escolaridade em Portugal. Transita sempre de ano, frequentando a escola do primeiro e do segundo ciclos sem grandes sobressaltos, obtendo classificações em Matemática, como para a maioria das outras disciplinas, entre os níveis 3 e 4, para um intervalo compreendido entre 1 e 5. Gosta de todas as disciplinas, não preferindo uma ou outra: "Tenho de as estudar a todas... não interessa gostar mais de uma ou de outra. Todas servem para saber mais coisas" (Cátia).

A Matemática é mais uma disciplina que não lhe desperta grandes paixões ou ódios, considerando-se uma "aluna que faz os trabalhos que o professor manda em casa... ele gosta que se faça os trabalhos... é a maneira de ter de estudar". Para a Cátia, "estudar é fazer os trabalhos de casa... para os testes tenho de estudar pelo livro... a Matemática não é só estudar o livro, tem de se fazer os exercícios". Não se considera com grandes dificuldades nesta disciplina: "É preciso estar com atenção quando o stôr explica... senão depois não se consegue perceber... na segunda vez o stôr já não explica tão bem... está mais confusão na sala... se estiver com atenção é menos difícil". Quando lhe perguntamos se gosta de Matemática, diz que "é uma disciplina como as outras, só que tem de se trabalhar mais por causa dos exercícios"; em relação à Estatística, refere: "É aquilo dos gráficos, não é? Eu cá achei fácil... mas também tem que se fazer exercícios."

O professor de Matemática da Cátia considera-a "uma aluna muito esforçada... o que quero dizer com isto?... que é das poucas que traz os trabalhos de casa feitos... só marco de vez em quando... é escusado". No final da unidade, a primeira a ser leccionada "foi uma aluna que trabalhou sempre... não me parece ser uma aluna que venha a ter dificuldades nas outras unidades do programa..."

No início de setembro de 1997, o Aleixo tinha 14 anos de idade e, no ano lectivo anterior não tinha transitado de ano. Não gosta particularmente de Matemática, achando-a uma disciplina "que faz falta a muita coisa... menos a mim" (Aleixo). A Matemática não é a disciplina que mais gosta: "Eu até não me importo de ter de estudar... senão tinha que ir trabalhar, aqui sempre se está com os amigos... é fixe... só não gosto é de ter de estudar a Matemática... mas o Português e a Geografia também não são melhores... têm de se estudar muito". Quando lhe perguntamos se é bom aluno em Matemática, diz-nos: "Só gostei, gostei mesmo de Matemática até à 4ª classe... porque se aprende as contas e isso faz falta para a vida... agora só é coisas e mais coisas". Em relação à Estatística, o Aleixo diz-nos: "achei giro saber as médias e isso... os gráficos também é importante... aparecem nos jornais, e se não aprendemos não vemos o que lá está". Estudar Matemática é ter "pachorra de fazer os trabalhos e os exercícios dos livros".

Para o professor de Matemática, o Aleixo é um "aluno que beneficia de ser repetente... mas mesmo assim é muito preguiçoso... parece que está sempre na lua... também só o conheço de umas 8 ou 9 aulas... é pouco". Quando lhe perguntamos como é o Aleixo na unidade de Estatística refere "participou pouco... não sou capaz de ter uma ideia para dizer".

ANÁLISE DE UMA INTERACÇÃO

Uma primeira leitura da interacção que se estabeleceu entre a Cátia e o Aleixo revela uma participação equitativa de ambos os parceiros, assistindo-se ao desenvolvimento de uma resolução sem uma clara manifestação observável de desacordos ou contradições entre os dois elementos. A interacção começa com uma frase de Cátia (fala 3) que o Aleixo desenvolve (fala 4):

[...]

3. C.: Agora vamos fazer ...

4. A.: Um estudo... sobre ...

5. C.: Um estudo... de Estatística... uma estatística... [Risinhos]

6. A.: Sobre o quê? Sobre a guerra... né?

7. C.: A guerra...

8. A.: Sobre os motivos para acabar com a guerra...

9. C.: O motivo que escolhemos foi as mortes...

10. A.: Pois, as mortes é o motivo mais forte para acabar com as guerras.

[...]

A Cátia retoma novamente a sua ideia inicial quando o Aleixo termina, e assim sucessivamente, co-elaborando uma solução a dois, assistindo-se a um início da negociação de uma resolução. Ao longo da interacção, não é fácil saber se cada um dos alunos chegaria à mesma solução ou a uma outra se estivesse a trabalhar sozinho. No entanto, este aspecto já é claro quando lemos o episódio da interacção referente à terceira parte da tarefa, onde os alunos têm de descobrir qual o número que falta a uma distribuição de três elementos para que a média seja igual a 25.

[...]

168. A.: Temos que fazer uns números que têm de dar a média arredondada a 25, né?

169. C.: É. Então vá... a gente tem de acrescentar um número aqui...

170. A.: Aqui, aqui a estes... a estes três [15, 25 e 50].

171. C.: E depois temos que dividir...

172. A.: É, é uma média. A gente mete...

173. C.: 15 mais 50 mais 25 mais...4

174. A.: Quatro? Mas só cá estão 3...

175. C.: Sim, sim, mas agora temos que meter o número... temos que achar o número que falta.

176. A.: E é o 4? O número que falta.

177. C.: Ainda não sei, temos que achá-lo.

178. A.: Achar o número que falta, mas porque é que metes o 4?

179. C.: Porque já tínhamos três números, e por isso pensei que faltava o 4.

180. A.: Então temos estes três números e depois metemos o 4. É isso?

181. C.: Sim, vamos começar pelo 4, foi o que me veio primeiro.

[...]

217. A.: 97 a dividir por 4... [Faz os cálculos na calculadora] 23,5.
218. C.: Então a gente não pode meter meios?
219. A.: Meios? Então para quê?
220. C.: Se **não** podemos **não** ter o 25 bem?
221. A.: Mas eles dizem que é o 25, não pode ser o meio. É todo.
222. C.: Então mete o 8.
223. A.: É o 10.
224. A. e C.: 90 mais 10 dá 100... É igual... é igual...
[...]

$$15 + 25 + 50 + 10 = 100 \div 4 = 25$$

Quando observamos a folha de respostas dos alunos vemos que ambos escreveram aí informações, não se encontrando em nenhuma das respostas escritas um só tipo de letra. Assim, também quando tinham de escrever a resolução da tarefa cada um completava a parte do colega, sem que isso fosse interpretado pelo outro como um sinal de incompetência da sua parte, uma vez que na interacção não se regista qualquer tipo de censura a este comportamento de completar algum argumento escrito. Esta co-elaboração pode, então, prolongar-se ao nível da escrita, não sendo exclusiva do plano verbal.

O episódio anterior permite-nos encontrar várias características interessantes. Primeiro, pelo facto de estarem a trabalhar colaborativamente, os dois alunos conseguem ter êxito na tarefa. A estratégia que utilizam é de tentativa e erro, pois os alunos andam a testar diversos números desde a fala 169 até a 222, passando por todos os números desde o quatro até ao oito, para encontrar o que falta. A Cátia chega mesmo a propor [fala 218] se não é possível ter os números decimais, ou seja, aumentar o número de possibilidades a testar e revelando uma fraca intuição matemática. Assim, durante muito tempo, o facto de não encontrarem a solução pretendida revela uma grande persistência na tarefa, pois vão testando todos os números.

Só depois de terem experimentado números naturais entre o intervalo de 1 a 8, o Aleixo percebe que o número que falta é o 10, sendo imediatamente acompanhado no seu raciocínio pela Cátia, pelo que dizem em simultâneo: "90 mais 10 dá 100 ... É igual ... é igual." Neste momento, ambos parecem ter tido um *insight* que os levou a uma compreensão súbita de qual é a solução.

O que é saliente, neste episódio, é que o facto de estarem a trabalhar colaborativamente os fez persistir na tarefa, pois sentiam o apoio um do outro. Caso estivessem a trabalhar individualmente, é pouco provável que continuassem durante tanto tempo as suas tentativas, tanto mais que, das falas 173 à 222, eles não têm um critério que não se limite a tentarem adicionar o inteiro seguinte. Deste modo, sendo o Aleixo descrito pelo professor como um aluno que se envolve pouco nas tarefas, não seria de prever que ele trabalhasse empenhadamente durante tanto tempo se a resolução fosse individual.

No episódio anterior, é possível encontrar uma situação de conflito sócio-cognitivo que se inicia com a fala 173 da Cátia, que começa por introduzir um número para ser utilizado no algoritmo da média, mas sem explicar como ele surge. Aleixo [fala 174] pede à colega para explicar como se tinha lembrado do número 4. Verifica-se que o Aleixo, através de uma tentativa de perceber o raciocínio que esteve por detrás da escolha daquele número, consegue que a Cátia clarifique verbalmente o seu raciocínio, o que só acontece na fala 179.

Este processo de confronto e de negociação de uma intersubjectividade comum entre os dois elementos traduz a interiorização de uma regra estabelecida com a investigadora: ter de explicar tudo um ao outro. Assiste-se, simultaneamente, a um ganhar confiança nas capacidades do outro. Neste processo de negociação, os alunos utilizam, simultaneamente, competências matemáticas e linguísticas, nomeadamente lexicais, resultantes da própria construção frásica e da necessidade de apresentar um argumento claro para o parceiro, o que se verifica quando lemos o diálogo presente neste episódio. Além destas competências lexicais, os alunos também recorrem a competências matemáticas, o que está presente quando têm de utilizar e aplicar o algoritmo da média.

Ao longo da interacção, assistimos a uma liderança subtil da Cátia. Esta liderança tanto pode ser social como cognitiva (ROUX, 1999). No caso da Cátia, ela tende a ser social, como podemos ver nas falas seguintes:

[...]
3. C.: Agora vamos fazer...
[...]
9. C.: O motivo que escolhemos foi as mortes...
[...]
86. C.: Escreve...
[...]

Mas, com o desenrolar da interacção, assiste-se também a uma liderança de Aleixo, como podemos ver no seguinte episódio, referente à segunda parte da tarefa quando discutem a questão dos salários.

[...]
46. C.: Agora a gente tem de fazer a média.
47. A.: Sim, temos de fazer a média.
48. C.: A média é aquele X com a coisinha em cima?
49. A.: É.

[C. faz os cálculos na calculadora enquanto A. dita os algarismos.]
50. C.: 54 mais... 42 mais...
51. A.: Mil... 60 mil...
52. C.: 60...
53. A.: 48 mil...
54. C.: Quarenta?
55. A.: E 8 mil e 180 mil...
56. C.: 180 mil é três zeros, né? [A. acena positivamente com a cabeça] a dividir por...
57. A.: Cinco, são cinco empregados.
58. C.: É por 5?
59. A.: Agora faz a conta.
[...]

O excerto do episódio anterior, retirado do início da resolução da tarefa dos salários, mostra que o Aleixo assume alguma liderança cognitiva, sendo ele quem esclarece as dúvidas da Cátia e valida as noções estatísticas necessárias para a continuação da resolução da tarefa. No entanto, ambos sabem o algoritmo utilizado no cálculo da média, uma vez que o vão utilizando sem pedir esclarecimentos ao colega, ou seja, o algoritmo está interiorizado para estes alunos. Deste modo, podemos afirmar que ambos aprenderam o que Skemp (1978) designa por conhecimento instrumental, ou seja, dominam uma colecção isolada de regras e algoritmos aprendidos através da repetição e da rotina. Quando o conhecimento que o sujeito possui é deste tipo, só consegue resolver um conjunto limitado de situações em contextos semelhantes.

Por oposição, o autor refere um *conhecimento relacional*, como sendo aquele onde o aluno construiu um esquema do conceito que pode ir actualizando sempre que novas situações assim lho exijam, portanto, um conhecimento que consegue mobilizar face a novas situações. Para isso, os alunos têm de recorrer a uma análise da tarefa em função de um contexto alargado, onde outro tipo de informações ajuda a interpretar a tarefa.

[...]
76. C.: Não sei. Não vão estar de acordo porque os empregados ganham pouco.
77. A.: É que não é justo... há uns que...
78. C.: Ganham mais do que os outros?
79. A.: Ganham mais do que os outros... a fazer o mesmo.
80. C.: Mas uns... mas uns prontos, se calhar, fazem mais, trabalham mais

que os outros. É por isso que uns aqui têm mais... têm mais dinheiro, ganham mais.
81. A.: Achas?
82. C.: Prontos é assim, eu trabalho numa coisa... que tem mais importância... prontos sou arquitecta e ele é empregado de mesa, eu ganho mais do que ele.
83. A.: Pois. Se o trabalho é diferente.
84. C.: Eu acho que... o trabalho é diferente porque eles não ganham o mesmo dinheiro.
[...]

Tal como tinha acontecido com a terceira parte da tarefa, vemos que o Aleixo ajuda a Cátia a elaborar melhor o seu raciocínio através da pertinência da sua argumentação e questionamento. Neste processo, desenha-se a negociação do significado da resolução da tarefa, no jogo entre o inter-individual, quando um dos parceiros questiona o outro acerca do seu raciocínio, como, por exemplo, quando [fala 78] a Cátia questiona o Aleixo, "Ganham mais do que os outros?", e este se confronta com a necessidade de precisar o seu argumento. Assiste-se a uma passagem ao intra-individual (ROUX, 1999) quando o Aleixo tem de reorganizar o seu próprio pensamento e responde à Cátia: "Ganham mais do que os outros...a fazer o mesmo" [fala 79].

Neste extracto do episódio da tarefa dos salários, assistimos à influência que os conhecimentos sociais dos alunos têm na elaboração da sua resolução. A marcação social, presente na segunda parte da tarefa, desencadeia no Aleixo e na Cátia uma resolução baseada numa análise sociológica dos salários e do trabalho. Para estes alunos, o que estava presente nesta tarefa não era tanto uma questão estatística: a forma como recolhemos os dados pode influenciar a nossa análise; a distribuição ser assimétrica origina cuidados a ter quando se escolhem os parâmetros estatísticos que melhor representam os dados naquele contexto. Mas, antes, um facto social: a justiça moral subjacente a um salário.

Podemos pensar em duas situações. Primeiro, o lado social presente nos argumentos dos dois alunos. Para o Aleixo, é claro que as pessoas, quando fazem o mesmo trabalho, devem ter o mesmo salário; para a Cátia, existirem salários distintos resulta da possibilidade de os trabalhadores poderem ter trabalhos diferentes, que ela até consegue hierarquizar e valorizar socialmente de forma diferente. O extracto que vai da fala 76 da Cátia até a 84, também da Cátia, é fortemente revelador de como as representações sociais dos alunos acerca de questões em torno do conceito de trabalho orientaram esta parte do diálogo.

Porém, é a partir deste contexto social que os alunos criam que conseguem compreender o significado estatístico da tarefa, ou seja, perceber que a média não é o melhor parâmetro para representar a distribuição daqueles salários. Como verificamos no seguinte extracto:

[...]

86 A.: Se ganham diferente porque o trabalho não é o mesmo eles não vão querer a média. Não vão concordar.

87 C: Pois não, nem podem. Uns ganham mais do que os outros.

88 A.: Ficam mal e estão... a...

89 C.: A ser... enganados...

[...]

Na continuação da resolução da tarefa, os alunos tinham de comparar os dois parâmetros de média e mediana, avaliando qual dos dois representava melhor aquela amostra. É o Aleixo quem começa a delinear uma estratégia, mas é a Cátia quem avança com uma proposta concreta.

[...]

104. A.: Isto agora temos que fazer...

105. C.: Temos que fazer a mediana... a mediana é aquilo que corta... e que depois tenho que meter por ordem? [começa a escrever os salários, mas sem os ordenar.]

[...]

Quando lemos a fala 105 da Cátia, verificamos que, para esta aluna, o conceito de mediana se resume a um procedimento e como este é associado a um procedimento concreto e visual de contagem. Mas esta prática enunciada mostra-nos um procedimento habitual associado ao conceito de mediana e permite fazer inferências acerca do modo como acontecem as aulas de Estatística: uma grande influência dos processos computacionais. Um número significativo de alunos começa a abordar a tarefa pelo que ela tem de procedimental e de computacional, e esta é, com raras excepções, a primeira pista que procuram quando têm uma tarefa estatística pela frente.

Reflexões finais

Ao lermos a interacção da Cátia e do Aleixo e observarmos a folha onde está a resolução da tarefa, constatamos que, quando os alunos trabalham colaborativamente, têm mais oportunidades de co-elaborarem resoluções entre si, criando-se assim uma dinâmica interactiva que parece destabilizar e perturbar o seu modo de funcionamento habitual. Esta destabilização parece ser responsável pelo seu progresso cognitivo e social, já que os obriga a fazer centrações e descentrações, a levantar conjecturas, a justificar argumentos e pontos de vista, aprendendo a respeitar novos ritmos de trabalho pessoais e dos outros, a desenvolver e a descobrir capacidades que não sabiam possuir, como, por exemplo, de liderança, de comunicação ou de resolução de conflitos.

Os alunos, ao confrontarem argumentos, têm a oportunidade para participarem na negociação da resolução da tarefa ao descentarem as suas posições iniciais com o objectivo de compreender os argumentos do parceiro e, simultaneamente, explicarem os seus próprios pontos de vista. Conseguem, desta forma, ampliar a mobilização de competências e os conhecimentos necessários para a elaboração da co-construção da estratégia adoptada. A diversidade das experiências anteriores dos alunos revela-se um recurso fundamental para este processo de negociação e de construção da estratégia a seguir.

A falta de competências verbais dos alunos menos competentes nas aulas de Matemática verifica-se ser, muitas vezes, uma falsa questão, uma vez que, quando são confrontados com outro tipo de tarefas, instruções de trabalho e contratos (didácticos ou experimentais), estes alunos revelam ter competências que os professores não conseguem identificar em aulas com um contrato didáctico tradicional.

Quando se analisam interacções sociais, verifica-se que a questão do estatuto e a dos papéis sociais dos parceiros envolvidos estão presentes e como determinam quer a organização formal das interacções quer a sua intersubjectividade (GROSSEN, 1988), ou seja, o tipo de co-elaboração que os dois sujeitos conseguem. Como afirma Roux (1999), quando se analisam as trocas verbais entre os sujeitos, assiste-se ao imbricado dos processos mentais e sociais presentes graças ao

> duplo papel da linguagem que é simultaneamente um meio de comunicação, mas também uma ferramenta para pensar, permitindo-nos assim formular hipóteses explicativas acerca dos efeitos dos processos sócio-cognitivos em jogo [...] esta dinâmica sócio-cognitiva parece-nos poder estar na origem da evolução positiva das cognições individuais. (p. 271)

Assim, a análise das interacções sociais pode ser um dos meios para mostrar a tipicidade da dinâmica das trocas interactivas, que ocorrem durante as actividades sócio-cognitivas de co-elaboração, e uma forma de compreender os progressos que se observam nos alunos quando trabalham de acordo com práticas colaborativas quer em pequenos períodos, como durante um trabalho de investigação, quer quando esta forma de trabalhar passa a fazer parte do dia-a-dia dos alunos.

Para terminar, espero que esta minha apresentação tenha contribuído para esclarecer um pouco do muito que ainda não se sabe acerca dos porquês dos progressos que se observam nos alunos quando trabalham de acordo com práticas colaborativas onde as interacções sociais fazem parte do seu dia-a-dia.

Referências

Associação de Professores de Matemática. *Renovação do Currículo de Matemática* (4ª ed). Lisboa: Associação de Professores de Matemática, 1995.

BORASI, R. On the nature of problems. *Educational Studies in Mathematics*, 17, 1986, p. 125-141.

CARUGATI, F. & MUGNY, G. La théorie du conflit sociocognitif. In: G. MUGNY (Ed.), *Psychology social du développement cognitif*. Berna: Peter Lang, 1985, p. 57-70.

CARVALHO, C. Interacção entre pares: Contributos para a promoção de desenvolvimento lógico e do desempenho estatístico, no 7ºano de escolaridade. Lisboa: Universidade de Lisboa. Lisboa: APM, 2001.

CARVALHO, C. & CÉSAR, M. Interacções sociais: Que mitos? Que realidades. In: *Actas do Profmat 1999*. Lisboa: APM, 1999.

DOISE, W., MUGNY, G. & PERRET-CLERMONT, A.-N. Social interaction and development of cognitive operations. *European Journal of Social Psychology*, 5(3), 1975, p. 365-383.

GILLY, M., FRAISSE, J. & ROUX, J.-P. Résolution de problèmes en dyades et progrès cognitifs chez des enfants de 11 à 13 ans: dynamiques interactives et socio-cognitives. In: A.-N. PERRET-CLERMONT & M. NICOLET (Eds.), *Interagir et connaître: Enjeux et régulations sociales dans le développement cognitif*. Fribourg: Del Val, 1988, p. 73-92.

GILLY, M., ROUX, J.-P. & TROGNON, A. Interactions sociales et changements cognitifs: fondements pour une analyse séquentielle. In: M. GILLY, J.-P. ROUX & A. TROGNON (Eds.), *Apprendre dans l'interaction*. Nancy: Presses Universitaires de Nancy et Publications de l'Université de Provence, 1988, p. 9-39.

GONZALEZ, A. Contexto, significações, contrato: algumas propostas conceptuais e metodológicas a partir da obra de Vygotsky. *Análise Psicológica*, XVI(4), 1998, p. 581-598.

GROSSEN, M. *L'intersubjectivité en situation de test*. Cousset (Fribourg, Suisse): Del Val, 1998.

LITTLETON, K. & HAKKINEN, P. Learning together: Understanding the process of computer-basesd collaborative learning. In: P. DILLENBOURG (Ed.). *Collaborative learning: Cognitive and computational approaches*. Oxford, U.K.: Pergamon, 1999, p. 20-30.

PERRET-CLERMONT, A.-N. *A construção da inteligência pela interacção social*. Lisboa: Sociocultur, p. 20-30.

PERRET-CLERMONT, A.-N. & NICOLET, M. Détour par un rêve. In: A-N PERRET-CLERMONT & M. NICOLET (Eds.) *Interagir et connaître: Enjeux et régulations sociales dans le déevelopment cognitif*. Fribourg: Del Val, 1988, p. 7-16.

PONTE, J. P. et al. *Projectos Educativos*. Lisboa: Ministério da Educação – Departamento do Ensino Secundário, 1998.

ROUX, J.-P. Contexte interactif d'apprentissage en mathématiques et régulations de l'enseignant. In: M. GILLY, J.-P. ROUX & A. TROGNON (Eds.), *Apprendre dans l'interaction*. Nancy: Presses Universitaires de Nancy & Publications de l'Université de Provence, 1999, p. 259-278.

SKEMP, R. Relational understanding and instrumental understanding. *Arithmetic Teacher*, November, 1978, p. 9-15.

O livro didático, o autor e as tendências em Educação Matemática

Jairo de Araujo Lopes

É inegável a importância do livro didático de Matemática na educação brasileira, tanto pelo aspecto histórico no processo ensino-aprendizagem dessa disciplina quanto pelo que ele representa nas aulas, segundo a maioria dos professores.

Para Magda Soares (1996), fala-se hoje sobre o livro didático como se ele devesse ser eliminado da sala de aula, como se ele fosse algo novo do qual se desconhecem os efeitos, servindo aos interesses de autores e editores. No entanto, a pesquisadora é enfática ao afirmar que "professores e alunos, avaliadores e críticos que, hoje, manipulam tão incorretamente os livros didáticos, nem sempre se dão conta de que eles são o resultado de uma longa história, na verdade, da longa história da escola e do ensino" (p. 54). Soares retrocede no tempo e cita o aconselhamento de Platão sobre composição de livros com seleção de assuntos, para que se possam saber muitas coisas. Para exemplificar, pode-se citar *Os elementos* de Euclides, que sobreviveu por mais de 20 séculos como texto escolar. A importância do livro didático justificar-se-ia, hoje, pela estrutura escolar que ainda impera:

> A escola é uma instituição burocrática, portanto, fundamentalmente ortodoxa: nela se ordenam e se hierarquizam ações e tarefas, organizam-se e distribuem-se em categorias alunos e professores, divide-se e controla-se o tempo, regula-se e avalia-se o trabalho; sobretudo, selecionam-se, no amplo campo da cultura, dos conhecimentos, das ciências, das práticas sociais, os saberes e as competências a serem ensinados e aprendidos. (SOARES, 1996, p. 54)

Há outros defensores do livro didático, como Molina (1986, p. 845), para quem os avanços tecnológicos na área educacional não diminuem sua importância em países como o Brasil, podendo tornar-se um instrumento importante na luta por uma real independência do país.

Diante de um material tão polêmico nos dias de hoje, combatido por uns e valorizado por outros, cabe uma primeira pergunta: que é o livro didático?

A concepção assumida por Richaudeau é que "livro didático é um material impresso, estruturado, destinado ou adequado a ser utilizado num processo de aprendizagem ou formação" (*Apud* OLIVEIRA,1984, p. 11).

A definição apresentada por Richaudeau merece algum comentário. Pelo fato de ser um material *impresso*, o livro didático de Matemática já apresenta limitações para a aprendizagem. As limitações podem ser oriundas, por exemplo, das diversas formas de linguagem que ele apresenta: a usual, a das denominações matemáticas, as simbologias matemáticas, a linguagem gráfica, as representações espaciais etc. E ainda, as linguagens utilizadas pelo autor são direcionadas a uma clientela diversificada, social e culturalmente, que, às vezes, apresenta características próprias na comunicação. Soma-se a isso o fato de que o material impresso expressa a concepção de saber e competência do autor, diante das suas experiências em determinados meios sociais e culturais; e este material está à disposição de realidades bem distintas. Pelo fato de ser um material estruturado, existem legislações e exigências que direcionam, de certa forma, a ação dos autores. As obras podem estar sujeitas a determinações oficiais que se alteram de acordo com a concepção de educação de um grupo político na liderança governamental, num determinado momento histórico do país. Acrescentam-se a isso as leis de mercado que interessam às editoras. Só por esses motivos, o livro didático, segundo a concepção de Richaudeau, merece atenção quanto a ser próprio para instruir, com ou sem algum tipo de intervenção.

Por outro lado, os livros didáticos têm-se prestado a divulgar as "verdades" aceitas pela comunidade intelectualizada, resultantes de observações, estudos e pesquisas, realizados por uma pessoa, por um grupo de pessoas ou até mesmo por diversas gerações. Os obstáculos de percurso e as visões errôneas no decorrer da construção do conhecimento dificilmente estão descritos no livro didático, principalmente naqueles voltados à área das Ciências Exatas. Quanto a isso, Lentin (1997, p. 13) assim se expressa: "Nos livros didáticos estão expostos os resultados, não a maneira como foram obtidos. Quanto ao erro, esse subproduto nauseabundo, ninguém toca nele, ou então só o toca com a ponta de pinças bem compridas". O erro a que se refere o autor está relacionado a obstáculos epistemológicos inerentes aos conceitos de que o livro trata.

Certamente esta é uma das causas da pouca intimidade, ou mesmo não identificação, do aluno – este ser repleto de hesitações próprias da natureza humana – com o "infalível" material instrucional.

Uma outra concepção de livro didático, apresentada por Paulo Meksenas (1993, p. 96) num trabalho em que analisa o papel social dos autores, é mais clara quanto a situar esse recurso num processo educacional, com vistas também à construção do conhecimento:

Entende-se o livro didático como "meio de comunicação de massa", enquanto produto industrializado, gerado no âmago de uma sociedade de consumo, fruto de relações de trabalho cujas características é importante revelar, com uma dupla preocupação: a) a de apontar caminhos de superação da qualidade deste produto industrial peculiar, porque cultural e voltado para a educação sistemática; b) a de explicar um conhecimento que se constitui em recurso de uso deste apoio pedagógico, que permite tratá-lo enquanto recurso historicamente produzido e situado, o que o desloca da posição de "bíblia" para a de um interlocutor à distância (o autor), em quem é preciso, desejável e necessário dialogar, trocar idéias, concordar, discordar.

O caráter diferenciado, apresentado por Meksenas, posiciona o livro didático como um recurso instrucional que contém limitações, que solicita a presença do professor como interlocutor entre o conhecimento que se deseja construir e o autor que deseja se comunicar.

Portanto, por si só, o livro não se presta para a obtenção de uma aprendizagem que possa ser considerada eficaz: a ação do professor perante esse instrumento é fundamental. Um bom livro, nas mãos de um professor despreparado, pode produzir péssimo resultado, assim como um livro de baixa qualidade, conduzido pelas mãos de um professor competente, mediante conjecturas sobre o conteúdo apresentado e sobre o contexto focado, pode resultar numa aprendizagem significativa, crítica, criativa e participativa. Eliminá-lo do contexto escolar, alegando "má qualidade", pode não ser o melhor caminho, na opinião de Machado (1997, p. 112): "Utilizado de modo adequado, o livro mais precário é melhor do que nenhum livro, enquanto o mais sofisticado dos livros pode tornar-se pernicioso, se utilizado de modo catequético".

Tem acontecido que, pela formação deficitária do professor, pelas condições precárias de trabalho – incluindo baixo salário, excesso de horas de trabalho dentro e fora da escola, número excessivo de aluno em sala e heterogeneidade social e cultural dos alunos – e ainda pela falta de uma boa política de formação continuada, o livro didático torna-se a solução, decidindo o conteúdo a ser trabalhado, formulando os exercícios e problemas a serem resolvidos e orientando o professor através do *manual do professor* ou do *livro do professor*, em que se encontram sugestões para as aulas e também as respostas ou soluções dos exercícios. Nessas circunstâncias, o autor do livro didático passa a exercer funções até então exclusivas do professor, assumindo, de certa forma, a responsabilidade pelas atividades docentes, o que, aliás, os próprios professores passam a esperar dele.

O autor de livro didático de Matemática: sujeito da história

O livro didático de Matemática teve sua importância na realidade escolar brasileira, mesmo precariamente, já no Brasil Colônia, por volta de 1700, quando o ensino como um todo estava a cargo dos padres jesuítas. Estes, pela tradição clássico-humanista, não se dedicavam muito ao ensino da Matemática, por considerarem-na uma "ciência vã" em que as relações abstratas produziam conhecimentos estéreis e infrutíferos, segundo alguns pensadores da época. É possível perceber essa posição no documento "Organização e Plano de Estudos da Companhia de Jesus" – copilado pelo padre Leonel Franca (1952) – que mesclava regras de ordem administrativa, disciplinar e pedagógica, referindo-se aos Estudos Inferiores ou ginasiais. Nele, eram recomendados, dentro da Física e por dois meses, três quartos de hora dedicados a *Os elementos* de Euclides, para depois acrescentar "cousas de Geometria, da Esfera ou de outros assuntos que eles (alunos) gostam de ouvir, e isto simultaneamente com Euclides" (p. 164).

A mudança de visão dos jesuítas com referência à ciência moderna, e, particularmente, com a Matemática, ocorreu a partir de 1744, como conseqüência e reconhecimento da Revolução Cartesiana (MIORIM, 1998, p. 82). Tal fato não chegou a exercer grande influência no Brasil, visto que os jesuítas foram expulsos em 1759. O sistema de aulas "avulsas" que se seguiu, devido à "reforma pombalina" (1772), só contribuiu para a queda do sistema educacional vigente. Já no Império, o ensino das Matemáticas, mais especificamente da Aritmética e da Geometria, teve forte influência européia, e livros, inicialmente frutos de traduções de obras do Velho Continente, passaram a ser traduzidos e impressos aqui no Brasil. Isso foi possível com a chegada, em 1808, da primeira máquina de impressão, graças à vinda da família real para o Brasil. Para Pfromm Netto *et al.* (1974, p. 74), "é interessante observar que a tradução brasileira dos *Elementos* de Legendre, feita por Araujo Guimarães, surgiu quatorze anos antes da primeira tradução inglesa, que data de 1823". Os livros de Matemática de outros brasileiros, com exceção dos já antigos manuais escolares dos cursos de preparação para ingresso nas Academias Militares, escritos por Alpoim no século anterior, começaram a ser produzidos a partir da metade do século XIX.

A criação do Imperial Colégio Pedro II, em 1837, inspirado na organização seriada dos colégios franceses e com a predominância das disciplinas clássico-humanistas, garantiu a presença das Matemáticas, ou seja, Aritmética, Geometria e Álgebra e, mais tarde, a Trigonometria, em todas as oito séries do então ensino secundário (MIORIM, 1998, p. 87). O seu programa serviu de referência a algumas obras publicadas a partir de então, como, por exemplo: *Breves Noções de Geometria Elementar*, por José Bernardo de Coimbra, e *Noções sobre o Sistema Métrico Decimal*, por João Bernardo Coimbra. Outros livros importantes surgiram, destacando-se *Rudimentos Arithméticos* ou *Taboadas* (Tabuada Barker), de Antonio Maria Barker, com várias reimpressões (PFROMM NETTO *et al.*, 1974, p. 75).

Na segunda metade do século XIX, já no final do Império, o Rio de Janeiro, capital do País, ainda continuou a ser o foco da produção de livros de Matemática, com destaque para o livreiro e editor Serafim. Todavia, outras regiões começaram a despontar nesse setor, e autodidatas ou profissionais, com formações variadas, puseram-se a produzir obras destinadas ao ensino da Matemática elementar, visto não existirem cursos de formação de professores na área. Foi o caso do engenheiro José Theodoro de Souza Lobo, catedrático de Matemática da Escola Normal da Província do Rio Grande do Sul, que publicou compêndios de Aritmética pela Livraria do Globo (Ibid, p. 76).

Logo no início da República, mais precisamente em novembro de 1890, ocorreu a Reforma Benjamin Constant, apoiada no sistema filosófico de Auguste Comte, rompendo com a tradição clássico-humanista que prevalecera na escola secundária e tentando impor-lhe um caráter mais científico. As idéias positivistas que norteavam tal filosofia colocaram a Matemática no papel de ciência fundamental. Como o sistema de Comte estava apoiado em dois pilares, tendo o método de um lado e a enciclopédia dos conhecimentos do outro, a Matemática se subdividia em *abstrata* – a álgebra –, e *concreta* – a geometria e a mecânica (SILVA, 1994, p. 76). Tentando unir a racionalidade dos métodos científicos ao papel social que uma ciência deveria desempenhar, estavam as obras de Antonio Trajano no início do século XX, cuja *Aritmética elementar ilustrada*, particularmente, recebeu elogios de Benjamin Constant e venceu todas as tentativas posteriores de reforma no ensino, alcançando a aceitação de professores e alunos, comprovada pela marca de 118 edições até a década de 1940 (PFROMM NETTO *et al.*, 1974, p. 77). O segredo talvez estivesse numa visão diferenciada que Trajano tinha do ensino, como pode ser notado no prefácio de uma das mais recentes edições de *Álgebra elementar*, de 1947, obra da Livraria Francisco Alves, Rio de Janeiro:

> Para ajudarmos a desenvolver o gôsto por êste estudo tão proveitoso, apresentamos agora este compêndio, que pela sua simplicidade, clareza e método, muito contribuirá para despertar nos discípulos o interesse e o gôsto por esta matéria que, ao mesmo tempo que é tão útil para a vida, é também tão recreativa para o espírito. Para tornarmos mais atrativo e ameno êste estudo, abrandámos quanto foi possível o rigor algébrico; empregámos em todo o livro uma linguagem simples e apropriada; exemplificámos todas as teorias, resolvendo todas as dificuldades, e ilustrando cada ponto com numerosos exercícios e problemas interessantes e recreativos, e finalmente, abundamos em notas, explicações e referências, porque sabemos que muitos daqueles que hão de estudar por este compêndio não terão outro explicador nem outro auxiliar além do livro que lhes servirá de mestre.

A visão de Trajano era a de que um livro, adequadamente escrito, poderia tanto substituir o professor quanto capacitar um indivíduo a ensinar a Álgebra, ou até mesmo servir de incentivador aos interessados por esse campo de conhecimento.

Outra obra que deve ter representado grande avanço na época foi *Aritmética intuitiva*, editada pela Livraria do Globo de Porto Alegre, em 1914, uma adaptação feita por Acierno de uma obra estrangeira. O livro apresentava ilustrações e exemplos concretos que facilitavam a aprendizagem do sistema de numeração e das "operações fundamentais" (Ibid, p. 79).

Os anos 1920 da Velha República foram marcados por um grande movimento de renovação em diversas áreas: o Brasil presenciou a Semana de Arte Moderna de 1922, um movimento cultural com o objetivo de apagar o traço acadêmico do passado; foi realizada a primeira emissão radiofônica oficial; o setor industrial teve um grande avanço; a agricultura começou a se desenvolver e a se modernizar. Simultaneamente a esses e outros movimentos que colocavam em confronto o velho e o novo, a área educacional refletia sobre os anseios de uma parcela da sociedade: certos segmentos exigiam mão-de-obra especializada para o setor do trabalho, e, em outros, havia a expectativa de manutenção de uma formação clássica. Nesse cenário, uma nova proposta despertava no setor do ensino: o Movimento da Escola Nova.

Surgia, então, um movimento de renovação escolar no ensino fundamental, reflexo do que já vinha ocorrendo na Europa, que levava em conta aspectos psicológicos da criança. As diversas correntes pedagógicas que compunham o Movimento da Escola Nova tinham em comum o "princípio da atividade" e o "princípio de introduzir na escola situações da vida real" (MIORIM, 1998, p. 90). Com repercussão somente no ensino primário, o ensino renovado da Matemática não chegou a atingir as escolas secundárias.

O Colégio Pedro II, acatando as idéias modernizadoras para o ensino da Matemática, discutida em congressos internacionais, propôs, em 1929, modificações significativas. Adepto das propostas da Escola Nova, seu professor catedrático de Matemática, Euclides Roxo, defendia a unificação das Matemáticas, ou seja, Aritmética, Geometria, Álgebra e Trigonometria numa única disciplina, denominada simplesmente Matemática, e um ensino em que a solicitação da atividade do aluno fosse constante (método heurístico), fazendo dele um descobridor, e não um mero receptor de conhecimentos. Eram as propostas defendidas pelo alemão Felix Klein que ganhavam terreno, sendo contempladas em parte pela Reforma Francisco Campos, em 1931. Euclides Roxo publicou, na época, a série didática *Curso de Matemática*, destinada ao ginásio, com uma diversidade de inovações na Literatura didática. Segundo Pfromm Netto *et al.* (1974, p. 80), a obra continha:

> Grande quantidade de ilustrações, não somente de figuras geométricas como também gravuras e documentos importantes na história da Matemática (o papiro de Rhind, retrato de matemáticos famosos; ornamentos geométricos de antigo vaso egípcio; as gravuras italianas entalhadas em

madeira no século XV que representavam Pitágoras realizando experiências das cordas tensionadas e dos tubos de vários comprimentos; o uso do teorema de congruência na medição, segundo uma gravura de 1569; uma reprodução da primeira página dos "Elementos" de Euclides, etc).

Além disso, os textos eram apresentados em linguagem acessível e clara, com apreciações e problemas históricos. Posteriormente, em 1937, Euclides Roxo publicou A *Matemática na Educação Secundária*, assumindo a modernização do ensino secundário de Matemática. Era uma forma de resposta às duras críticas do Padre Arlindo Vieira, reitor e professor do Colégio Santo Inácio, defensor da educação católica tradicional e dos tradicionais estudos clássicos como base para formação intelectual da juventude (WERNECK *et al.*, 1996, p. 50). Para Vieira:

> As verdadeiras demonstrações, os raciocínios perfeitos, o rigor e a lógica da ciência, tudo o que faz a beleza e a imensa utilidade da Matemática foi abolido do ensino oficial. [...] Os livros que obedecem a esta falsa diretriz são simples inventários de fatos isolados, de exercícios infantis, de noções erradas, livros que envenenam a mocidade em vez de lhe inspirar o amor da ciência e o hábito do estudo (*Apud* MIORIM, 1998, p. 102)

Tal pronunciamento é uma defesa do estilo euclidiano até então adotado e, ao mesmo tempo, uma forte oposição à modernização. Expressa claramente uma visão de educação escolar e de ensino de Matemática voltada para uma elite e, com certeza, discriminatória.

Esta confusão entre as diversas tendências no ensino da Matemática, ou seja, a *tecnicista*, necessária para a indústria, a *clássica* e a *moderna*, parece ter sido a marca da década de 1930. O governo de Getúlio Vargas permitiu negociações em torno de uma nova proposta curricular de Matemática. A Reforma Gustavo Capanema, de 1942, não apresentou mudanças substanciais, como um todo, em relação à reforma anterior, porém trouxe alguns ganhos para o setor católico tradicional, principalmente no tocante às aulas opcionais de formação religiosa e à liberação de verbas "para incentivar a criação e a manutenção de instituições religiosas de ensino" (WERNECK *et al.*, 1996, p. 53). Do antigo programa de Matemática, foi conservado o estudo de funções e do cálculo infinitesimal no ensino secundário.

É importante ressaltar que, desde 1932, Jacomo Stávale vinha se destacando com a coleção *1°, 2°, 3°, 4° e 5° Ano de Matemática*, impressa pela Editora Nacional, obra revisada e reeditada após a Reforma de 42 sob o título *Elementos de Matemática*, reduzida, na época, a quatro volumes. A confusão existente na época foi expressa por Stávale, no prefácio da primeira edição, que demonstrava a preocupação com um direcionamento que garantisse uma melhor qualidade de ensino, assegurando o desenvolvimento e nível de determinados conteúdos:

Acabemos com o caderno de apontamento, que é a causa principal da falência do ensino secundário no Brasil. [...] Enquanto durar esta confusão no ensino de matemática; enquanto os professores, por falta de livros adequados, ditarem as suas lições, assistiremos sempre, ao fim do ano letivo, ao mesmo fenômeno doloroso e deprimente: os estudantes, com poucas e confusas noções relativas ao assunto sobre o qual vão ser examinados, fazem o que podem para passar; aquelas poucas noções desaparecem com o orvalho ao calor das férias estivais e, no ano seguinte, os estudantes nada sabem do que aprenderam no ano anterior e nada têm na gaveta (STÁVALE, 1932).

As obras de Stávale fincaram estacas quanto a garantir a presença do livro didático de Matemática na sala de aula, alcançando a marca de 150 edições e, aproximadamente, um milhão de exemplares.

Com o aumento do número de escolas públicas do "primário" ao "ginásio", também aumentou, consideravelmente, o número de autores e editoras de livro didático de Matemática. As obras tinham preocupações comuns, como o uso de linguagem simples, de figuras e outros recursos gráficos, facilitando a leitura e compreensão dos textos, além de uma quantidade maior de exercícios por capítulo. Da Editora Melhoramentos, vieram as obras de Algacyr Munhoz Maeder, professor em Curitiba; da Editora Nacional, as obras de Ary Quintella, professor do Rio de Janeiro, de Thales Mello Carvalho, além de Jacomo Stávale e Euclides Roxo, ainda bastante consideradas. Um pouco mais tarde, a Editora do Brasil publicou obras de Carlos Galante e Oswaldo Marcondes dos Santos, enquanto a Francisco Alves publicava as obras de Benedito Castrucci, Geraldo Santos Lima e outros autores de São Paulo. O Colégio Pedro II, que até então mantinha certa influência sobre a produção didática de Matemática, aos poucos, foi perdendo espaço para autores associados e editoras que surgiam com a política estabelecida para o livro didático. Havia quase uma concomitância entre as modificações propostas nos programas oficiais e os lançamentos dos livros didáticos já revisados.

A pesquisa de Oliveira *et al.* (1984), sobre a análise de problemas relacionados com a política e as práticas de adoção e utilização do livro didático, mostra que, mesmo antes do Ministério Capanema, o governo federal se mostrou preocupado com a produção dos livros didáticos. O Decreto-lei de 1938, por meio do Instituto Nacional do Livro (INL), que criou a Comissão Nacional do Livro Didático, rezava, em seus artigos, que os livros didáticos em nível de escolas pré-primárias, primárias, normais, profissionais ou secundárias de todo o País deveriam ter autorização prévia do Ministério da Educação para serem editados e estabelecia critérios de escolha por parte das escolas. No entanto, o Decreto-lei vinha carregado da ideologia presente no Estado Novo, marcada pela *consciência nacional, construção da nacionalidade*, e preocupava-se em punir tudo que ameaçasse a estrutura do ideário. As determinações do Decreto-lei não afetaram o ensino de Matemática devido ao seu caráter enciclopédico, que se arrastava há muito tempo (p. 33).

Segundo Montejunas (1980, p. 150), próximo à metade do século XX, os autores deram ênfase "aos cálculos aritméticos e algébricos complexos (famosos carroções), às identidades trigonométricas que permitiam um amplo desenvolvimento mental em termos de raciocínio mas que se mostravam, de um modo geral, sem finalidade específica, às demonstrações de teoremas geométricos, a problemas de longo enunciado e longas soluções". Em 1955, o professor e autor de livro didático Osvaldo Sangiorgi considerava o ensino médio "pletórico, ineficaz e bastante divorciado da realidade brasileira".

A grande mudança no ensino da Matemática estava para surgir. O movimento no campo da Matemática, que se iniciou no final do século XIX e continuou pelo século XX, tinha por ideal a pesquisa no sentido de colocar a Matemática num contexto lógico-dedutivo. Os estudos da obra do Grupo Bourbaki, que se desenvolveram tanto na Europa quanto nos Estados Unidos, já surtiam efeito no ensino da Matemática superior, por meio das estruturas matemáticas e de novas simbologias. A questão era verificar a possibilidade de trazer esse estudo para o campo da aprendizagem escolar em níveis inferiores. Vindo ao encontro das pesquisas de Piaget quanto à possibilidade de um isomorfismo entre as estruturas matemáticas e as estruturas operatórias da inteligência, surgiu o movimento denominado Matemática Moderna. Na visão de D'Ambrosio (1986, p. 39), era uma tentativa, embora com defeitos e exageros, de corrigir erros fundamentais no ensino da Matemática tradicional.

No Brasil, a semente da Matemática Moderna foi lançada muito timidamente em 1955, no Congresso Brasileiro do Ensino da Matemática, em Salvador, e da mesma forma tratada nos congressos de 1957 em Porto Alegre, de 1959 no Rio de Janeiro e de 1961 em Belém (MONTEJUNAS, 1980, p. 151).

O acontecimento de destaque, na época, foi a fundação do Grupo de Estudos do Ensino de Matemática (GEEM), que reunia professores com grande projeção nacional na área. A diretoria do GEEM era composta pelos seguintes membros: Osvaldo Sangiorgi (presidente), Alésio De Caroli (vice-presidente), Lucília Bechara Sanchez e Irineu Bicudo (secretários), Mario Omura e Douglas Bellomo (tesoureiros), Renate Watanabe (bibliotecária), Jacy Monteiro (diretor de publicações). O presidente do Conselho Consultivo era Benedito Castrucci, e do Conselho Executivo era Ruy Madsen Barbosa. Inteirando-se da nova proposta, o GEEM elaborou materiais com a finalidade de testá-los em sala de aula. Os resultados foram apresentados em 1966, no congresso realizado em São José dos Campos, contando com a participação de professores estrangeiros defensores da Matemática Moderna, como Stone (EUA) e Papy (Bélgica). Naquele mesmo ano, o GEEM firmou convênios com universidades, institutos de Matemática e cursos de aperfeiçoamento de Matemática em várias localidades do Brasil, "envolvendo cerca de 800 professores secundários, nas áreas da teoria dos conjuntos, lógica matemática, álgebra moderna, programação linear, tópicos de topologia, probabilidade e estatística" (SANGIORGI, 1969, p. 82).

A obra *Matemática, metodologia e complementos para professores primários*, em três volumes, do professor Ruy Madsen Barbosa, LPM Editora, distribuída pela Livraria Nobel, 1966, traz, no seu prefácio, considerações sobre os erros cometidos na interpretação dos ideais da "Escola Nova" e defende a necessidade de uma nova forma de ensinar a Aritmética, mais uniforme e correta do ponto de vista matemático, "por vezes árida, mas imprescindível, tanto para o homem médio nos seus afazeres diários na vida, como para o homem técnico, ou mesmo o simples e superficial entendimento das relações e grandezas numéricas do desenvolvimento científico moderno" (BARBOSA, 1966). Apresenta uma parte introdutória da teoria dos conjuntos e demonstra a preocupação em capacitar o professor com a nova abordagem de conteúdo matemático.

Em depoimento[1] (17/03/1998), Barbosa destacou a atuação de Osvaldo Sangiorgi, desde o início do movimento da Matemática Moderna no Brasil, participando de cursos nos Estados Unidos e trazendo para cá textos e pessoas importantes para as inovações pretendidas. Enquanto o GEEM testava materiais em sala de aula, o lançamento do livro didático de Sangiorgi, *Matemática – Curso moderno*, da Companhia Editora Nacional, em 1963, produzia uma corrida das editoras no sentido de lançar também obras inovadoras. Na pressa em dominar o mercado, muitas delas saíram com erros. Em 1972, o livro de Sangiorgi já chegava à nona edição.

Destacaram-se, na década de 1960, as publicações do GEEM: da Série Professor – *Matemática Moderna para o ensino secundário* (1965), *Um programa moderno para o ensino secundário*, *Elementos da teoria dos conjuntos* (Castrucci) e *Lógica matemática para o curso secundário* (Sangiorgi); da Série Ensino Primário – *Introdução da matemática moderna na escola primária* (Lucília Bechara Sanches e Manhúcia Liberman), todas publicadas pela LPM Editora, São Paulo, entre 1962 e 1966. Direcionadas a instrumentalizar o professor com a nova Matemática, foram utilizadas nos cursos de formação de professores. No campo do livro didático, além das obras de Sangiorgi, foram de grande importância os livros *Matemática – Curso colegial moderno*, em três volumes, de 1967 (vol. 1), 1968 (vol. 2) e 1970 (vol. 3), e *Matemática – Curso ginasial moderno*, quatro volumes seriados, de 1970, dos professores Luiz Mauro Rocha e Ruy Madsen Barbosa, todos publicados pelo Instituto Brasileiro de Edições Pedagógicas (IBEP). No

---

[1] Depoimento dado ao autor deste artigo para compor sua tese de doutorado.

mesmo grau de importância, encontravam-se as obras de Sangiorgi, editadas pela Saraiva, e as de Lamparelli, Canton, Morettin e Indiani, pela EDART – SP, com apoio da Fundação Brasileira para o Desenvolvimento do Ensino de Ciências (Funbec), além de algumas outras.

A análise que se pode fazer dos livros didáticos do período aqui tratado nos remete a afirmar que, de um modo geral, os autores se mantiveram quase sempre distantes dos personagens, pois a linguagem matemática utilizada sobrepunha-se à linguagem materna. A infalibilidade matemática sempre esteve presente, não deixando espaço para um diálogo com o interlocutor – professor ou aluno – para que este pudesse desenvolver sua própria trajetória na construção do conceito em estudo. É o que Orlandi (2002, p. 86) denomina de *discurso autoritário*, tendo em vista que "o referente está apagado pela relação de linguagem que se estabelece e o locutor se coloca como agente exclusivo, apagando também a relação com o interlocutor".

Na década de 1930, no entanto, foi possível observar a iniciativa de Euclides Roxo em apresentar elementos novos que levassem o aluno a uma melhor compreensão dos conteúdos estudados, com a inserção, principalmente, da linguagem pictórica. Se houve outras tentativas de aproximação entre o referente e o interlocutor via autor do livro didático, estas se dissiparam pela forma como foi introduzido o Movimento da Matemática Moderna, como se pôde observar. O "escolanovismo", por sua vez, tomando maior vulto nos anos de 1960, além de não ter encontrado um número expressivo de adeptos entre educadores-pesquisadores, nem entre os professores que atuavam na rede pública de ensino, praticamente desconsiderou o livro didático de Matemática, pois as experiências ocorriam em nível de projetos isolados e em algumas escolas particulares.

Fazendo alusão aos movimentos de classes que marcaram a política brasileira na primeira metade do século XX e seus reflexos nos projetos educacionais, como o "escolanovismo", Saviani (1986, p. 53) assim se expressa: "Quando mais se falou em democracia no interior da escola, menos democrática ela foi, e quando menos se falou em democracia, mais ela esteve articulada com a construção de uma ordem democrática". Tal afirmação deve-se ao fato de a Escola Nova ter por lema "Escola para todos", embora as experiências e os projetos tenham se restringido a setores privilegiados da sociedade.

O papel do livro didático em tendências recentes

Superados os traumas do regime militar a partir da década de 1980, a mobilidade social, os conflitos ideológicos, os avanços significativos em diversos setores da ciência e da tecnologia, o predomínio de determinadas áreas da ciência, os problemas ambientais que ameaçam a sobrevivência de espécies e do próprio homem, foram fatores que despertaram a sociedade para os problemas de um novo tempo. Há uma falência de certos modelos institucionais, principalmente os de raízes positivistas. Exige-se a formação de um novo homem, um novo cidadão, um novo profissional, um novo educador.

Há algumas décadas, a educação tem sido questionada e, ao mesmo tempo, investigada quanto ao seu papel nesse instante, para não negar Charlot (1979, p. 22) ao afirmar que, em momentos em que os grupos sociais se interrogam e refletem sobre os problemas da educação de seus jovens, surgem no campo educacional novas concepções, ora convergentes em determinados pontos, ora conflitantes, merecendo assim reflexão, por parte de todos os setores que compõem e pensam a escola, sobre os desafios de educar.

Os paradigmas teórico-metodológicos que despontam têm a pretensão de centralizar no indivíduo a ação educativa, ao incorporar as investigações dos processos cognitivos, ao mesmo tempo em que consideram e interrogam tanto os avanços científicos e tecnológicos quanto os aspectos sociais que proporcionam a historicidade do indivíduo (sujeito coletivo). Embora se afastam do predomínio da educação técnica e dos fundamentos positivistas ainda presentes, que se sustentam em verdades incontestáveis, não se reduzem "à encenação subjetivista, como se o mundo fosse conseqüência do voluntarismo" (DEMO, 1993, p. 15). As verdades, agora, são mais reais e dinâmicas, enquanto os projetos e as ações educativas estão carregados de intencionalidade. Assim, as tendências inovadoras pressupõem que a educação está articulada à idéia de "compromisso", ou seja, de um "fazer coletivo". Compromisso pressupõe atitude crítica, dialógica, responsável, para produzir algo novo. Nesse sentido, a intencionalidade e o compromisso definem o caráter político da educação.

Entre as tendências pedagógicas que explicitam esse caráter político, Candau (1999) posiciona-se favorável à Pedagogia Crítico-Social dos Conteúdos. Ela acredita que essa abordagem fornece condições para superar dicotomias e dualidades, tais como: processo e produto na atividade de ensino-aprendizagem; dimensão intelectual e dimensão afetiva do processo de ensino-aprendizagem; dimensão objetiva e dimensão subjetiva; transmissão e assimilação de patrimônio cultural e desenvolvimento do espírito criativo; compromisso com o saber e a questão do poder na escola; aspectos gerais da aprendizagem e aspectos específicos da aprendizagem; dimensão lógica e dimensão psicológica do processo de ensino-aprendizagem; dimensão política e dimensão técnica da prática pedagógica; fins da educação, meios e estratégias; função de ensino e função de socialização da escola (CANDAU, 1999, p. 35).

Uma das razões dessas superações, para Candau, reside no fato de que a Pedagogia Crítico-Social dos Conteúdos considera o conteúdo, a estrutura e a organização interna de cada área como elementos estruturantes do método didático, que se articulam com o sujeito da aprendizagem.

A "teoria da curvatura da vara", expressão emprestada de Lênin, foi a metáfora utilizada por Saviani para, a partir de um extremismo pedagógico do "escolanovismo", propor, por meio de polêmicas, desestruturações e reflexões, uma nova concepção pedagógica. A necessidade dessa postura, segundo esse pesquisador, deve-se à falta de consciência em relação aos condicionantes histórico-sociais da educação, o que impossibilita uma articulação entre os interesses populares e a escola, no sentido da produção de métodos mais eficazes de ensino. Saviani (1986, p. 72) assim justifica:

> [...] serão métodos que estimularão a atividade e iniciativa dos alunos sem abrir mão, porém, da iniciativa do professor; favorecerão o diálogo dos alunos entre si e com o professor mas sem deixar de valorizar o diálogo com a cultura acumulada historicamente; levarão em conta os interesses dos alunos, os ritmos de aprendizagem e o desenvolvimento psicológico mas sem perder de vista a sistematização lógica dos conhecimentos, sua ordenação e gradação para efeitos do processo de transmissão-assimilação dos conteúdos cognitivos.

A abordagem metodológica que assim se apresenta tem grande número de adeptos na comunidade educacional acadêmica, como Libâneo e Candau. Manifesta-se também na prática escolar, com mais intensidade de 5^a a 8ª séries do ensino fundamental. Tal abordagem não só reforça a estrutura disciplinar do conhecimento escolar como também defende a sistematização lógica do conhecimento, chegando, por isso, a ser categorizada como "tradicional" por Mizukami (1986). Contudo, a vinculação do saber com as realidades sociais espelha o caráter diferenciado e favorece o desenvolvimento de projetos multidisciplinares.

As características aqui descritas demonstram que, embora com restrições, a participação do livro didático tradicional de Matemática não sofre rejeição do novo processo. Os momentos de passagem das experiências imediatas ao conhecimento sistematizado podem ter, no livro didático, um grande apoio; porém, cabe ao professor promover essa mediação e, evidentemente, verificar a melhor forma de utilização do livro. Com certeza, o professor de Matemática, consciente dessa abordagem, não terá no livro tradicional o principal referencial da sua ação pedagógica, pois o seu papel é insubstituível, cabendo a ele "fazer a análise dos conteúdos em confronto com as realidades sociais" (LIBÂNEO, 1991, p. 71).

Para analisar a possibilidade de o livro didático de Matemática estar voltado aos métodos que atendem a essa abordagem, convém lembrar que o ponto de partida da aprendizagem é a conciliação entre os conteúdos a serem aprendidos e os interesses e as experiências do aluno, no sentido da compreensão devida da realidade; porém, além de serem incorporados novos elementos para a análise crítica a fim de que ocorra a "ruptura" em relação à nebulosa visão que o aluno, provavelmente, tem da realidade, há necessidade de incorporar novos contextos para que as reflexões sobre eles façam o aluno progredir tanto em nível de conteúdo quanto em espírito crítico. Nesse sentido, o livro didático poderá ser um grande auxiliar do professor se conduzido a temas que dizem respeito a questões sociais ou culturais, de grande repercussão para o cidadão brasileiro de um modo geral, com algum reflexo na vida do aluno ou do seu meio. As propostas de encaminhamento apresentadas no livro e o preparo do professor serão responsáveis pelo envolvimento do aluno com o tema, pela abrangência e pelo nível de tratamento dos conteúdos tanto quanto pela prática social, ou seja, pela argumentação crítica que leva o aluno a "reconhecer nos conteúdos o auxílio ao seu esforço de compreensão da realidade" (LIBÂNEO, 1991, p. 70).

Até o momento, nenhum dos autores de livros de Matemática incorporou, em sua obra, essa abordagem, ou fez considerações, no manual do professor, a esse respeito. Surgem, então, as possibilidades: o autor julga não ser possível incorporá-la; é opção do autor não incorporá-la, embora dela seja conhecedor e simpatizante; o autor não tem conhecimento de tal abordagem; o autor rejeita tal abordagem. É algo a ser investigado. Um livro didático de Matemática que tivesse incorporado a Pedagogia Crítico-Social dos Conteúdos estaria, na categorização de Orlandi (2002, p. 86), assumindo um *discurso polêmico*, ou seja, "aquele em que a polissemia é controlada, o referente é disputado pelos interlocutores, e estes se mantêm em presença, numa relação tensa de disputa dos sentidos". Esse tipo de discurso, no entanto, cabe bem ao professor que deseja assumir os princípios de tal tendência.

Como visto, vários movimentos, no campo educacional, emergiram de tensões e conflitos vividos pela sociedade, num determinado local e tempo. O momento atual pode ser considerado um desses movimentos também pelo seguinte motivo: os modelos vigentes de determinadas instituições e setores já não se sustentam diante de variáveis não-previstas quando da sua estruturação. Compreender esse momento, para muitos, é perceber a complexa rede de conhecimentos, em que os conceitos e as teorias se encontram inter-relacionados. O indivíduo, para além de interdisciplinar, é concebido como transcendente, é um ser dotado de sentimento que se integra com todos os elementos do cosmo, em busca de uma harmonia coletiva.

Um paradigma educacional, nessa visão, extrapola a dimensão sociocultural defendida por Saviani. Segundo Moraes (1997, p. 25), o paradigma educacional deve ter características multidimensionais, ou melhor, deve ser "construtivista, interacionista, sociocultural e transcendente". Com isso, o aluno deve se inserir numa nova ecologia cognitiva, o que significa que devam ser criados "novos ambientes de aprendizagem que privilegiem a circulação de informações, a construção do conhecimento, o desenvolvimento da compreensão e, se possível, o alcance da sabedoria objetivada pela consciência individual e coletiva" (p. 27).

Para uma melhor compreensão, convém iniciar o estudo dessa abordagem de inter-relação e das possibilidades de o livro didático de Matemática compor novos ambientes de aprendizagem, por reflexões sobre alguns pressupostos, tendo em vista as concepções de alguns pesquisadores.

A história da humanidade, longe de ser ignorada, apresenta, como herança, o fantástico mundo da evolução em setores primordiais, transformando de modo extraordinário, por exemplo, a relação espaço-tempo, determinando novas referências e estabelecendo um novo paradigma para setores essenciais da vida do homem. Paralelamente a isso tudo, eclodem problemas que colocam em risco o planeta, exigindo assim reflexões e respostas, a curto e médio prazo, no tocante a: *questões humanitárias*, em que o avanço, em determinados setores, ou mesmo concepções e interesses de grupos e povos são causas de desigualdade e discriminação social; *questões ambientais*, em que o setor produtivo, no campo e na indústria, e o extrativismo põem em risco a preservação das espécies; *questões éticas*, em que a evolução da genética, o controle sobre a composição da matéria, por exemplo, exigem acordos e códigos que levem em conta o respeito à vida, os limites e os direitos do homem em prol do bem-estar e da convivência entre os próprios homens. A racionalidade humana parece não garantir o estabelecimento natural de lei da conservação da espécie: a superioridade do ser racional poderá ser causa de sua extinção.

Como a aprendizagem escolar se coloca neste mundo de inter-relações e transformações? A escola coloca-se, num primeiro momento, como a transmissora do conhecimento sistematizado, necessário para compreender os fenômenos que envolvem o ser humano e que ocorrem no seu mundo. É o conhecimento produzido, reconhecido e estruturado de geração em geração, até os dias de hoje. Várias interpretações e ideologias compuseram esse universo do conhecimento, o que leva o homem a admitir que, de tempo em tempo, deva repensar os fatos, analisando-os diferentemente sob outro ponto de vista.

A escola, numa concepção atual, não é vista só como transmissora de conhecimento; com base nesse conhecimento, ela atua na formação do indivíduo, daquele que observa, investiga, descobre, reflete, decide, cria, age, tornando-se um componente da história da humanidade. Esse indivíduo é um ser biológico e cognoscível e, nesse sentido, único. Convivem, ou deveriam conviver, portanto, na escola, o presente, o passado, o futuro e o complexo mundo das concepções: de quem construiu, ou estruturou, ou resgatou o conhecimento passado; de quem o apresenta no momento; de quem o recebe ou assimila; e, em grande dose, concepções do sistema de interesses ao qual o sistema escolar está subordinado. Auto-realização, mercado de trabalho, valores sociais, preservação da vida, compromisso com o futuro são algumas variáveis que deveriam conviver, de forma dinâmica e dialética, no meio escolar. Não é a escola a única responsável por um processo tão complexo, mas a única que, historicamente, por sua estrutura organizacional, intencional e sistêmica, é capaz de contribuir efetivamente para a formação do cidadão apto a compreender os fatos e a exercer uma intervenção crítica sobre eles. Como afirma Paulo Freire (1993, p. 53): "Nenhuma grande transformação social acontecerá apenas a partir da escola. Porém, também é uma grande verdade afirmar que nenhuma mudança social se fará sem a escola."

A forma de conceber e tratar o conhecimento matemático, nessa visão de escola, vai, portanto, além do simples ensino de conceitos ou do desenvolvimento do pensamento matemático; o conhecimento matemático está em processo constante de construção e reconstrução, pois as interações e as cooperações entre si e entre as demais áreas formulam uma estrutura flexível que se auto-organiza, reflexivamente, diante de uma metodologia problematizadora.

Percebe-se, então, que a participação do aluno no meio ecológico em que vive é determinante não só na configuração do conhecimento matemático mas também na constituição de suas estruturas mentais, num processo que se amplia quanto mais o indivíduo interage com esse meio. Só por isso, é possível afirmar que esse paradigma não nega a abordagem construtivista em suas variadas ramificações, mas avança no sentido da transcendência do indivíduo e do seu papel transformador da realidade.

A fragmentação dos conhecimentos, em virtude quer da limitação do homem em se dar conta do todo, quer da insuficiência de mecanismos para a compreensão de um fenômeno, pode ser percebida já na Grécia Antiga, por ocasião do grande dilema enfrentado pelos pitagóricos: a incomensurabilidade. É possível também perceber uma diferença de postura dos gregos frente à *mathesis* ou à *physis*,[2] bem caracterizada nos trabalhos de Euclides, como descrito anteriormente, com reflexos no ensino atual. Pergunta-se: hoje, essa fragmentação representa um comodismo, ou seja, uma maneira mais fácil de seguir adiante, contornando o problema pela insuficiência de meios para defrontá-lo, ou expressa uma visão de mundo? Fazendo uma incursão pelos primórdios da ciência, Maria Elisa Ferreira (1993, p. 21) assim se expressa:

> O que permeia esse processo não é simples nem inconseqüente: é a visão de mundo fragmentada, é o esfarelamento da existência, é a perda da unidade universal. Surge, desta forma, a ciência como tal, multiplicada em reinos. Surgem a filosofia, a arte e a religião. Cada qual seguindo seu caminho, desencontradas, antagônicas muitas vezes, retalhando o mundo e a integridade humana...

---

[2] A palavra grega *mathesis* significa "aquisição de conhecimento, aprendizagem", e *physis*, também do grego, designa "o vigor reinante em todo o existente", originariamente "o céu e a terra, as aves que voam, a flor que desabrocha, o sol que desponta,...".

Compartilhando a mesma posição, Pierre Weil *et al.* (1993, p. 13) afirmam que é ilusória a separação entre sujeito e objeto, sendo que a fragmentação coloca a harmonia em estágio de grande conflito no final do século XX. Para exemplificar o momento atual da área da Ciência Aplicada, os autores categorizaram as ações do homem sobre o mundo exterior e sobre si mesmo em: *ação do homem sobre o objeto*, com 7 subcategorias e 25 especificidades; *ação do homem sobre o indivíduo*, com 7 subcategorias e 37 especificidades; *ação do homem na sociedade*, com 7 subcategorias e 36 especificidades. Essas especificidades constituíam os campos de formação profissional existentes, e, com certeza, esses quadros já se encontram desatualizados. Uma quarta categoria, apresentada por esses autores, representa a *ação do homem sobre o conhecimento*: obrigatoriamente passando pelo sujeito, é no mínimo pluridisciplinar, está intimamente relacionada à informação e admite a coexistência, num mesmo ramo, de áreas distintas, como, por exemplo, a Medicina e a Engenharia (p. 24-28).

D'Ambrosio (1997-b, p. 10) faz a seguinte crítica à fragmentação do conhecimento:

> [...] a atual proliferação das disciplinas e especificidades, acadêmicas e não acadêmicas, conduz a um crescimento incontestável do poder associado a detentores desses conhecimentos fragmentados. Esta fragmentação agrava a crescente iniqüidade entre indivíduos, comunidades, nações e países.

A detenção, por alguns países, do domínio de áreas estratégicas do conhecimento certamente não contribui para o desenvolvimento da ordem mundial. Ao contrário, torna-se ameaçadora. Como afirma Umberto Eco (1993, p. 114), "ciência, tecnologia, comunicação, ação à distância, princípio de linha de montagem, tudo isso tornou possível o Holocausto". As grandes descobertas e avanços tecnológicos em prol da qualidade de vida do homem também não foram até agora capazes de solucionar o problema da fome no Brasil e em outros países: a fragmentação do saber e sua detenção por grupos ideológicos dominantes ignoram o próprio homem. Retomam-se, então, as palavras de Eco (1993, p. 112):

> Estamos em via de viver a tragédia dos saberes separados: quanto mais os separamos, tanto mais fácil submeter a ciência aos cálculos do poder. Este fenômeno está intimamente ligado ao fato de ter sido neste século que os homens colocaram mais diretamente em questão a sobrevivência do planeta.

Para alguns pesquisadores, analistas políticos e membros de vários segmentos da sociedade, a situação atual é insustentável. Presencia-se a globalização que estimula competições pelo predomínio na área das novas tecnologias, e alteram-se consideravelmente as relações de tempo e espaço e as relações na área econômica, principalmente, com conseqüência nas demais áreas. Fazendo referência ao presente momento e ao livro do professor de administração de empresa Andrew Grove, de Stanford, sob o título *Só os paranóicos sobrevivem*, Gilberto Dimenstein (1998, p. 12) explicita que, na área de negócios e empresas, só mantém a liderança quem se sente permanentemente ameaçado e sabe determinar o "ponto de inflexão – o momento certo de mudar, evitando o naufrágio". E, nessa paranóia, surgem a exclusão social e outros fantasmas da sociedade atual.

D'Ambrosio (1997 b) faz uma crítica ao momento atual, que muitos denominam *modernidade*, reflexo, segundo ele, de uma cultura fundada no pensar disciplinar. Defende, assim, uma outra forma de pensar, "a transdisciplinaridade, um projeto intra e interdisciplinar abarcando o que constitui o domínio das ciências da cognição, da epistemologia, da história, da sociologia, da transmissão do conhecimento e da educação" (p. 15).

Essa nova forma de ver o real já foi defendida em 1926, por Smuts, quando lançou as palavras *holismo* e *holístico*, cujo radical grego "holos" significa "todo". Em 1986, a Carta Magna da Universidade Holística Internacional de Brasília fazia considerações sobre este paradigma emergente, assim transcritas por Pierre WEIL (1993, p. 45): "Esse paradigma considera cada elemento de um campo como um evento que reflete e contém todas as dimensões do campo. É uma visão em que o todo e cada uma das suas sinergias estão ligados, em interações constantes e paradoxais."

Poder-se-ia, no momento, perguntar se os termos *abordagem holística* e *transdisciplinaridade* se equivalem. Embora consciente de que se tem de caminhar na definição desses conceitos, Weil explica que o termo holístico, definido por Smuts, é ligado a uma "força" ou a um sistema energético, enquanto a transdisciplinaridade refere-se às disciplinas do conhecimento humano, mais particularmente do conhecimento científico, concepção esta compartilhada por Edgar Morin, em 1980, e expressa no livro *Ciência com consciência*.[3] Weil ainda afirma que, a partir de uma série de eventos, os dois termos se aproximaram de um mesmo conceito de que participam a Ciência, a Filosofia, a Arte e a tradição, incluindo as tradições espirituais (p. 39).

Roberto Crema (1993, p. 131), também membro do mesmo movimento holístico do qual fazem parte Weil e D'Ambrosio, embora de opinião de que transcender a disciplinaridade é prioritário para transpor os desafios contemporâneos, analisa que a abordagem disciplinar foi importante, a partir do século XVII, para superar o então "paradigma escolástico aristotélico-tomista medieval" resgatando, principalmente pelo método de decomposição desenvolvido por Descartes, a razão e a objetividade científica na época. Afirma ainda que a

---

[3] MORIN, E. *Science avec conscience*. Paris: Fayard, 1989, p. 249.

transdisciplinaridade que se faz necessária hoje não é a negação das disciplinas. E explica: "O que se postula é a abertura do especialista ao todo que o envolve e à dialogicidade com outras formas de conhecimento e de visão do real, visando a complementaridade" (p. 140).

E acrescenta em outro momento: "O despertar da mente sintética e o restabelecimento de uma *aliança* entre ciência e consciência podem representar um salto evolutivo no saber-e-fazer humano, prevenindo-nos contra o destino trágico dos dinossauros" (p. 140).

Há um bom tempo, a comunidade educacional vem discutindo a forma de trabalhar uma visão mais integrada das diversas áreas do conhecimento que foram sendo instituídas nos últimos anos. Mais precisamente, por volta de 1960, surgiram os primeiros debates, sem contudo estarem apoiados em bases teóricas muito sólidas. Segundo Maria de Lourdes Prestes (1987), professora do Departamento de Pedagogia da Universidade Federal de Uberlândia, as primeiras experiências integradoras partiram de grupos que desenvolviam atividades baseadas em estudos da Psicologia de Piaget e do cognitivismo estrutural de Bruner, tendo, como objetivo, a dissolução de disciplinas e a composição de projetos integradores. Somente na década de 1970, a palavra *interdisciplinaridade* passou a fazer parte dos documentos oficiais norteadores de programas de ensino (p. 62).

Numa busca bibliográfica sobre o tema, é possível perceber que duas publicações nacionais compuseram as primeiras análises dessa abordagem e nortearam vários trabalhos posteriores: *Interdisciplinaridade e patologia do saber*, de Hilton Japiassu (1976), e *Integração e interdisciplinaridade no ensino brasileiro – Efetividade ou ideologia*, de Ivani Fazenda (1979). O paradigma holístico que despontou fez surgir uma série de termos que, embora citados em documentos e pronunciados em congressos educacionais, não eram bem interpretados na base do sistema educacional brasileiro. Em sua obra, Fazenda (1979, p. 27) assumiu a definição apresentada por G. Michaud,[4] em 1972:

> Interdisciplina – Interação existente entre duas ou mais disciplinas. Essa interação pode ir da simples comunicação de idéias à integração mútua dos conceitos diretores da epistemologia, da terminologia, da metodologia, dos procedimentos, dos dados da organização referentes ao ensino e à pesquisa. Um grupo interdisciplinar compõe-se de pessoas que receberam sua formação em diferentes domínios do conhecimento (disciplinas) sem seus métodos, conceitos, dados e termos próprios.

Para Fazenda, a interdisciplinaridade a que a escola se refere é algo complexo, que passa pela ação do professor e pelo projeto da escola. Prefaciando um livro de Izabel Petraglia (1993), ela afirma que o professor deve sentir-se

---
[4] *Apud* WEIL, Piérre *et al.*, 1993, p. 33.

interdisciplinar, fato que não acontece da noite para o dia, pois é necessário um tempo para cultivá-lo nessa proposta. Com isso, Fazenda reforça a postura assumida em sua primeira obra sobre o assunto, ou seja, em 1979: "Interdisciplinaridade não se ensina, não se aprende, apenas vive-se, exerce-se e por isso exige uma nova pedagogia, a da comunicação" (p. 108). Petraglia, por sua vez, destaca que, para isso, o diálogo, a humildade e a disponibilidade são atitudes que o educador deve incorporar, visto que "interdisciplinaridade não é apenas propósito e intenção: é construção lenta, gradual e coletiva" (p. 25). Nessa perspectiva, o educador talvez deva, antes, sentir-se transdisciplinar para assumir a atitude interdisciplinar.

Para Prestes (1987, p. 63), no entanto, as disciplinas tornam-se uma forma de organizar a aprendizagem; se a princípio elas aparecem "distintas e justapostas", há necessidade de estabelecer o que se denomina "vínculos interdisciplinares", uma espécie de "lei dos vasos comunicantes" que "adquire um caráter imperioso, quando as crescentes especificações do saber técnico e científico rompem as velhas eclusas de uma estruturação disciplinária que se efetiva por justaposição". Defende ainda a posição de que só é possível o desenvolvimento interdisciplinar se houver uma base disciplinar bem constituída, a exemplo de uma orquestra em que seus membros devem possuir os quesitos prévios (especificidades) para que o conjunto execute um concerto (p. 66).

Percebe-se, com isso, que o conceito de interdisciplinaridade, como "lei dos vasos comunicantes" de campos disciplinares, defendido por Prestes, evidencia uma postura pedagógica distinta da preconizada por Fazenda, Japiassu e outros pesquisadores. Sua concepção de interdisciplinaridade parece estar mais direcionada ao campo da investigação científica pois, como ela mesmo expressa, aí está presente "o trabalho dos investigadores que, em grupos homogêneos ou heterogêneos, apontam suas competências convergentemente" (p. 64).

Barthes (1984, p. 71) há muito tempo atentava para essa confusão conceitual:

> Dir-se-ia, com efeito, que a interdisciplinaridade, de que hoje se faz um valor forte da pesquisa, não se pode efetivar por simples confronto de saberes especiais; a interdisciplinaridade não é, de forma alguma, brincadeira: começa efetivamente (e não pela simples formulação de um voto piedoso) quando a solidariedade das antigas disciplinas se desfaz [...] em proveito de um objeto novo, de uma linguagem nova, que não estão, nem um nem outro, no campo das ciências que se tencionava tranqüilamente confrontar.

Prestes (1987, p. 68), no entanto, alerta para os vícios ocultos que o conceito amplo de interdisciplinaridade poderá acarretar no sistema escolar: primeiramente, por ser um conceito inovador para uma reforma apressada do ensino; depois, por ser um projeto de vanguarda, para países menos desenvolvidos, como se, sobre uma *tábua rasa*, fosse mais fácil construir novos modelos didáticos.

É provável que as dificuldades que a escola e a prática pedagógica vêm apresentando para incorporar uma postura interdisciplinar se devam tanto ao impacto da ruptura de uma estrutura de ensino fortemente solidificada quanto à forma de conceber a inteligência. Por mais que se queira negar, os sistemas avaliativos predominantes preconizam ainda que a inteligência se processa de forma linear e padronizada, e não de modo pluralista e flexível como preconizam teorias mais recentes. Para Levy (1993, p. 135), o mundo atual demonstra a necessidade de conceber o conhecimento de uma forma que os epistemologistas ainda não inventariaram: "A inteligência ou a cognição são os resultados de redes complexas onde interage um grande número de atores humanos, biológicos e técnicos".

Nessa interação, estariam presentes os neurônios, os módulos cognitivos, as pessoas, a escola, a língua nas manifestações oral e escrita, as tecnologias, tudo isso formando e traduzindo as representações na composição do pensamento. Segundo Michel Serres (s.d., p. 9), um dos mentores e defensores dessa tendência, o *modelo metafórico de rede* permite um raciocínio de diversas entradas e múltiplas conexões, em que "já não existe apenas um caminho, mas sim um dado número, ou uma distribuição provável".

A metáfora de rede para concepção do conhecimento parece não eliminar uma estrutura disciplinar que impera no sistema escolar, e nem é essa sua intenção; no entanto, refletir sobre seus fundamentos contribui para romper com um modelo de ensino que agoniza e aponta caminhos para a educação rumo a um novo paradigma.

Não é difícil concluir o quanto se tem que caminhar para o desenvolvimento de um currículo numa abordagem interdisciplinar. Fazenda (1993, p. 17) cita que muitas escolas, tentando romper com o ensino tradicional e buscando uma proposta globalizante, têm conseguido tão-somente que os conhecimentos sejam tratados em nível do senso comum, esquecendo, com isso, que "o senso comum é conservador e pode gerar prepotências ainda maiores que o conhecimento científico". Argumenta que o cotidiano, composto de conhecimentos em nível do senso comum, dá sentido à vida, mas o propósito de se atingir o conhecimento científico, a partir desse patamar, por um processo que enriquece as relações entre os homens e entre o homem e o mundo, é a meta de uma dimensão utópica e ao mesmo tempo libertadora.

É possível observar, e vêm ocorrendo com freqüência, relatos de experiências de desenvolvimento de projetos interdisciplinares bem-sucedidos, principalmente no ensino fundamental. Os projetos ocupam um espaço de tempo limitado do ano escolar e, em muitos casos, evidenciam que a instituição de ensino, embora percebendo a necessidade de uma mudança de postura pedagógica, mantém as raízes no ensino convencional, para garantir um processo em que a mensuração dos resultados do aproveitamento escolar é mais facilmente argumentada, quando questionada.

Outra crítica que recai sobre essa prática é a falta de clareza do termo interdisciplinaridade. Muito do que é feito pode ser caracterizado como multidisciplinar: um tema gerador é o único elo entre as disciplinas, que continuam a ocupar seus tradicionais espaços no horário escolar. Nesse caso, a construção coletiva preconizada pela interdisciplinaridade, e que pode ser compreendida, segundo Maria Elisa Ferreira (1993, p. 22), "como sendo um ato de troca, entre as disciplinas ou ciências – ou melhor, de áreas do conhecimento", deixa de existir.

O livro didático tem ocupado um espaço significativo na instrução escolar, particularmente na área de Matemática. Com isso, poderia apresentar as inovações que refletissem algumas tendências no ensino. Nesse sentido, cabe aqui a pergunta: Pode um livro didático atender às especificações de uma abordagem interdisciplinar? Considerando a possibilidade de uma resposta afirmativa, talvez fosse esse um meio de que o professor pudesse se utilizar para se inteirar da proposta e adotar uma postura interdisciplinar para sua prática.

Dois fatos, porém, levam ao descrédito tal possibilidade. O primeiro deles revela a dificuldade em quebrar as barreiras da disciplinaridade: segundo Derly Barbosa (1993, p. 70), embora exista legislação no sentido de integrar o ensino de História e Geografia numa proposta curricular para o curso supletivo, "alguns livros didáticos tentaram fazer esta integração, mas acabaram priorizando uma ou outra disciplina".

O outro empecilho quanto a se adotar uma postura interdisciplinar ao se fazer uso do livro didático está relacionado à linguagem. E é em Barthes (1984, p. 99) que se encontra o mais firme argumento: "A interdisciplinaridade consiste em criar um objeto novo que não pertença a ninguém". Nesse sentido, Barthes faz uma clara distinção entre "obra" e "texto". Sua concepção é de que a "obra" está diretamente relacionada à fragmentação da substância, da realidade; é algo estático que ocupa prateleiras de bibliotecas. Já o "texto", o novo objeto que se cria na interdisciplinaridade, é um campo metodológico, é o real que se demonstra; tem mobilidade e perpassa uma ou várias obras; questiona o que está constituído, podendo, assim, ter uma "função social"; não é fechado, pois ele faz parte de uma produção (p. 73). E acrescenta:

> O texto [...] pratica o recuo infinito do significado, o texto é dilatório; o seu campo é o do significante; o significante não deve ser imaginado como "a primeira parte do sentido", seu vestíbulo material, mas, sim, ao contrário, como o seu *depois*; da mesma forma, o infinito do significante não remete a alguma idéia de inefável (do significado inominável), mas à de *jogo*. (BARTHES, 1984, p. 74)

O autor ainda afirma que "o texto tem a metáfora de rede" (p. 76). Sendo assim, na pluralidade de ramificações (relações) que unem os pontos (nós) que caracterizam objetos, pessoas, lugares, proposições deste espaço de representação, a presença do livro didático favorece, segundo Machado (1996, p. 141), a "cristalização de determinados percursos ao longo da rede". Nesse caso, então, recair-se-á numa metodologia convencional que determina o percurso considerado conveniente, o "verdadeiro", o que todos devem seguir, descaracterizando a dinâmica dos processos de construção do conhecimento, preconizados pela metáfora de rede. Nesta, qualquer estabilidade é, no mínimo, momentânea.

É possível concluir que o espaço do livro didático na abordagem interdisciplinar é ínfimo, ou até mesmo nulo, se considerado como norteador do processo de ensino e de aprendizagem. Esse espaço pode ser mais ricamente ocupado pelo "caderno escolar" ou pelos recursos da informática. Como elemento de apoio, principalmente para as pesquisas que se farão necessárias no decorrer do processo, a presença de livros, em particular dos paradidáticos, tem sido apontada como necessária, e até mesmo indispensável, sob risco de um reducionismo que poderá trazer conseqüências tão desastrosas quanto a se ter um ensino direcionado somente por um livro didático.

Das considerações aqui feitas sobre tendências da prática escolar, preconizadas recentemente, observa-se a necessidade da presença de um *discurso lúdico* no processo de ensino e de aprendizagem, segundo a concepção de Orlandi (2002, p. 86); lúdico não no sentido da brincadeira, mas como jogo de linguagem, pois a polissemia deve ocorrer livre. E o autor? O autor, essa importante peça na polêmica entre o livro didático e as tendências educacionais, de tal forma que o título da sua obra é confundido com sua própria graça, está impregnado de valores culturais e sociais e – por que não? – do mercado. Seu saber foi sendo construído pouco a pouco e, seguindo a lógica de Tardif (2002, p.11) no que se refere a ofícios e profissões, está relacionado com os condicionantes e com o contexto do trabalho, pois "o saber é sempre o saber de alguém que trabalha alguma coisa no intuito de realizar um objetivo qualquer". Nesse contexto, o saber do autor irá ao encontro do saber do professor e do saber do aluno, e todos deverão interagir por meio de um discurso lúdico, em que o autor tem o papel de provocar, instigar, incomodar, desacomodar, motivar para uma busca tanto o professor como o aluno, mesmo distante das realidades em que se fará, de alguma forma, presente. Esse assunto, no entanto, merece um estudo mais profundo.

Considerações finais

Pensando em ações efetivas, será necessário um bom tempo para que o sistema educacional brasileiro incorpore as concepções de ensino mais recentes, como o ensino por projetos ou temas, com feição antropológica, social e política, conforme preconiza a tendência socioetnocultural descrita por Fiorentini (1995, p. 24), embora sejam grandes os esforços nesse sentido. Seria possível contar com o apoio do livro didático nessas novas concepções? Se houver resposta para tal pergunta, certamente ela não poderá ser dada nos dias de hoje, assim como não ocorre, de forma efetiva, a prática que resulta da teoria das inteligências múltiplas. Para Gardner (1995, p.75), há necessidade de tempo, investimento financeiro e recursos humanos para que se incorpore, num sistema de ensino, essa forma de conceber a educação.

Fica evidente, no entanto, que não é possível afirmar que a escola e as ações nela desenvolvidas são desprovidas de uma determinada ideologia. A apatia e o descaso para com o sistema escolar – observados em projetos que direcionam a prática educativa, ou até mesmo pela falta deles –, pelo fato de estarem integrando o universo de uma instituição cujas ações se voltam a indivíduos para informá-los, capacitá-los ou formá-los, também apontam o caráter político da educação. O ideário que sustenta o sistema e determina suas ações resulta do espaço ocupado por grupos sociais que comungam de crenças e concepções sobre o homem, o mundo, o conhecimento sobre as relações que têm, por referência, as experiências vivenciadas e aceitas pelos membros desse grupo.

O livro didático de Matemática, de modo especial, encontra-se hoje numa posição delicada, segundo alguns de seus autores, freqüentadores de congressos na área de Educação Matemática: as raízes positivistas são lembradas e cobradas por pessoas que participam de setores mais privilegiados da sociedade, e parte delas deve ser mantida para o livro se fazer presente no mercado – este é um dos interesses da editora que, por isso, impõe restrições. Concomitantemente, apresentam-se as recomendações do MEC, fincando posição com seu ideário educacional. Por outro lado, de forma mais marcante no ensino médio, os sistemas de ingresso nas universidades que desenvolvem grandes pesquisas na área educacional ainda exigem um conhecimento matemático que limita a manifestação de tendências atuais nos livros didáticos, fazendo com que o material apostilado esteja presente nas instituições, por meio de um conteúdo atemporal, descontextualizado, sintetizado e descompromissado com uma educação crítica no sentido de uma formação cidadã. Outro obstáculo para o autor é a própria natureza do material impresso, com as limitações que lhe são próprias.

Numa rápida análise da realidade, observa-se que o livro didático de Matemática nunca incorporou, por completo, as recomendações das tendências pedagógicas da área, a não ser aquelas determinadas pela tendência formalista clássica, cujo modelo euclidiano e concepção platônica deixam raízes firmes até os dias de hoje, e pelo Movimento da Matemática Moderna, ou seja, pela tendência formalista moderna, mesmo que apenas por um determinado período de tempo. Seguindo a categorização de Fiorentini (1995), é possível verificar, em muitos livros atuais, que cada tendência trouxe uma contribuição para o estilo que estes apresentam.

A tendência empírico-ativista, por exemplo, tem seus traços marcados, no livro didático, pela unificação das "Matemáticas", pela presença de figuras, ilustrações de materiais, várias formas de representações, simulação de técnicas operatórias, propostas de atividades experimentais e jogos, além de uma conotação mais pragmática para o ensino. Da tendência formalista moderna, encontram-se presentes a organização, a simbologia da Teoria dos Conjuntos, a exploração das propriedades operatórias e um predomínio da Álgebra sobre outros campos da Matemática. Da tendência tecnicista, o livro didático herdou, em parte, a forma de apresentação de exercícios. Em relação à tendência construtivista, várias obras de 1ª a 4ª séries dizem admiti-la como proposta pedagógica, embora, em muitos casos, isso tenha ficado só na intenção; outros livros organizam atividades facilitadoras para desencadear conflitos cognitivos e promover abstrações.

Como é possível observar, cada inovação – decorrente de pesquisas na área da Psicologia, da Educação em geral e da Educação Matemática –, que se incorporou na estrutura do livro didático atual, mostrou-se viável e devidamente exposta, capaz de contribuir para uma aprendizagem mais significativa. Essas inclusões, advindas de pesquisas e tendências, têm mantido o livro didático presente no contexto do processo de ensino e de aprendizagem da Matemática, fazendo dele um "velho" recurso instrucional.

"Velho" também tem o sentido de "ultrapassado" e, no contexto do livro didático, significa não satisfazer às exigências da nova realidade escolar; significa que, na sociedade como um todo, as transformações ocorreram mais rapidamente do que nele próprio; significa que o processo de produção do conhecimento necessita de recursos que o livro didático não está sendo capaz de oferecer; significa que outras tecnologias educacionais se fazem presentes, sendo, algumas vezes, mais motivadoras e até mais eficientes em algumas práticas escolares do que o livro didático.

Como um *recurso auxiliar da aprendizagem*, mas cumprindo, na realidade educacional brasileira, um papel maior, os estudos mostraram que o livro didático é capaz de absorver determinadas recomendações de pesquisadores na área para que sua contribuição seja mais expressiva, não só quanto à transmissão do conhecimento e desenvolvimento de habilidades matemáticas mas também quanto a fazer da Matemática um instrumento de leitura da realidade sociocultural, contribuindo para a formação de um cidadão crítico e atualizado com a sociedade tecnológica. O tipo de discurso que utiliza é preponderante. Para usar a denominação de Barthes, o livro didático não deve ter nem a estabilidade da "obra" nem a soltura do "texto", mas uma forma de comunicação que: propõe atividades de investigação; apresenta situações de conflitos; acena para procedimentos didáticos variados; propõe interações com outras tecnologias educacionais, do caderno de anotações à calculadora e computador nos variados ambientes possíveis; dialoga e promove debate; trabalha várias linguagens e representações; utiliza-se da Matemática para a leitura crítica de fenômenos sociais e desenvolvimento de valores éticos; garante um bom nível do saber matemático sistematizado, não permitindo o reducionismo; utiliza a linguagem natural como ponto de partida para alcançar, de forma significativa, a linguagem lógico-matemática; integra a história do homem e do desenvolvimento matemático de forma orgânica; estabelece conexões entre tópicos afins e outras áreas do conhecimento, possibilitando o desencadeamento de uma rede cognitiva.

A devida incorporação, no livro didático, de todos ou da maioria desses quesitos não é algo que ocorre para o cumprimento de determinações oficiais. É necessário que essa seja a opção pedagógico-metodológica do autor e que ele tenha experienciado essa abordagem, de forma a perceber os entraves e as situações que possam ocorrer, fundamentando-se, teoricamente, em pesquisas da área. Também é necessária uma série de testes, com pequenos e grandes grupos de alunos, em diversos contextos, para eliminar distorções e adequar o material impresso à proposta. É indispensável a observação do professor na sua prática escolar, com o auxílio do livro didático, para que as orientações, no manual ou livro do professor, sejam bem direcionadas.

O "velho" livro didático não deve ser um "livrório", ou seja, um "livro grande e fútil" (Dicionário Aurélio), que incorpore, de forma desmedida, qualquer tipo de recomendação para poder ingressar em programas governamentais de distribuição de livro didático. Os estudos realizados mostram a necessidade de que o autor tenha conhecimento das várias concepções acerca do desenvolvimento da Matemática e da Matemática Escolar, de abordagens metodológicas e facilitadoras de recursos instrucionais e tendências da Educação Matemática e, na mesma proporção, das adversidades e conflitos da sociedade, para que sua obra, dentro do que permite um recurso instrucional impresso, auxilie o professor a refletir sobre suas concepções e sua prática escolar, para a promoção de uma educação crítica e transformadora.

Referências

BARTHES, R. *O rumor da língua*. São Paulo: Brasiliense S.A., 1988.

BARBOSA, Derly. A competência do educador popular e a interdisciplinaridade do Conhecimento. In: FAZENDA, Ivani. *Práticas interdisciplinares na escola*. São Paulo: Cortez, 1993.

BARBOSA, Ruy Madsen. *Matemática, metodologia e complementos para professores*. São Paulo: LPM Editora, 1966.

CANDAU, Vera Maria. A didática e a relação forma/conteúdo. In: CANDAU, Vera Maria. *Rumo a uma nova didática*. Petrópolis: Vozes, 1999.

CHARLOT, Bernard. *A mistificação pedagógica: realidades sociais e processos ideológicos na teoria da educação*. Rio de Janeiro: Zahar, 1979.

CREMA, Roberto. Além das disciplinas: reflexões sobre transdisciplinaridade geral. In: WEIL, Pierre *et al*. *Rumo à nova transdisciplinaridade: sistemas abertos de conhecimento*. SãoPaulo: Summus Editorial,1993.

D'AMBROSIO, Ubiratan. *Da Matemática à ação: reflexões sobre educação e matemática.* Campinas: Papirus, 1986.

D'AMBROSIO, Ubiratan. História da Matemática e Educação. In: CADERNOS CEDES – 40, *História e Educação Matemática.* Campinas: Papirus, 1996, p. 7-17.

DEMO, Pedro. *Desafios modernos da educação.* Petrópolis: Vozes, 1993.

DIMENSTEIN, Gilberto. *Aprendiz do futuro: cidadania hoje e amanhã.* São Paulo: Ática, 1998.

ECO, Humberto. Rápida utopia. In: VEJA 25 ANOS: *Reflexões para o futuro.* São Paulo: Abril, 1993, p. 109-115.

FAZENDA, Ivani C. A. Interdisciplinaridade: definição, projeto e pesquisa. In: FAZENDA, Ivani C. A (Org.). *Práticas interdisciplinares na escola.* São Paulo: Cortez, 1991.

FAZENDA, Ivani C. A. *Integração e interdisciplinaridade no ensino brasileiro: efetividade ou ideologia.* São Paulo: Loyola, 1979.

FERREIRA, Aurélio de Holanda. *Novo dicionário da Língua Portuguesa.* Rio de Janeiro: Nova Fronteira S.A., 1986.

FERREIRA, Maria Elisa de M. P. Ciência e interdisciplinaridade. In: FAZENDA, Ivani C. A. (org.). *Práticas interdisciplinares na escola.* São Paulo: Cortez, 1993.

FIORENTINI, Dario. Alguns modos de ver e conceber o ensino da Matemática. *Zetetiké.* Campinas: Unicamp-FE-Cempem, ano 3, n. 4, 1995, p. 1-37.

FRANCA, Leonel. *O método pedagógico dos jesuítas.* Rio de Janeiro: Livraria Agir Editora, 1952.

FREIRE, Paulo. *Professora sim, tia não: cartas a quem ousa ensinar.* São Paulo: Olho d'Água, 1993.

GARDNER, Howard. *Inteligências múltiplas: a teoria na prática.* Porto Alegre: Artes Médicas, 1995.

JUPIASSU, Hilton. *Interdisciplinaridade e patologia do saber.* Rio de Janeiro: Imago, 1976.

LENTIN, Jean-Pierre. *Penso, logo me engano: um breve histórico do besteirol científico.* Trad. Marcos Bagno. 4. ed., São Paulo: Ática, 1997.

LÉVY, Pierre. *As tecnologias da inteligência: o futuro do pensamento na era da informática.* Trad. Carlos I. da Costa. Rio de Janeiro: Ed. 34, 1993.

LIBÂNEO, José Carlos. Tendências pedagógicas na prática escolar. In: LUCKESI, Cipriano Carlos. *Filosofia da educação.* São Paulo: Cortez, 1991, p. 53 - 75.

LOPES, Jairo de Araujo. *Livro didático de matemática: concepção, seleção e possibilidades frente a descritores de análise e tendências em Educação Matemática.* Campinas/SP: Tese de doutorado. Faculdade de Educação/Unicamp, 2000.

LUCKESI, Cipriano Carlos. *Filosofia da educação.* São Paulo: Cortez, 1991. Coleção Magistério – 2º grau.

MACHADO, Nilson José. *Ensaios transversais: Cidadania e educação.* São Paulo: Escrituras Editora, 1997.

MACHADO, Nilson José. *Epistemologia e didática: as concepções de conhecimento e inteligência e a prática docente.* São Paulo: Cortez, 1996.

MEKSENAS, Paulo. O livro didático e o papel social dos autores. *Contexto & Educação.* UNIJUI, ano 8, n. 32, out./dez. 1993, p. 92-108.

MIORIM, Maria Ângela. *Introdução à história da educação matemática*. São Paulo: Atual, 1998.

MIZUKAMI, Maria da Graça N. *Ensino: as abordagens do processo*. São Paulo: EPU, 1986.

MOLINA, Olga. O livro didático e as habilidades de estudos. *Ciência e Cultura*, 38, n. 5, maio 1986, p. 845-847.

MONTEJUNAS, Paulo Roberto. A evolução do ensino da matemática no Brasil. In: GARCIA, Walter E. (Coord.). *Inovação educacional no Brasil: problemas e perspectivas*. São Paulo: Cortez; Autores Associados, 1980, p. 150-163.

MORAES, Maria Cândida. *O paradigma educacional emergente*. Campinas: Papirus, 1997.

OLIVEIRA, João Batista A. et al. *A política do livro didático*. São Paulo: Summus; Campinas, Ed. da UNICAMP, 1984.

ORLANDI, Eni P. *Análise de discurso: princípios e procedimentos*. Campinas: Pontes, 2002.

PETRAGLIA, Izabel C. *Interdisciplinaridade: o cultivo do professor*. São Paulo: Pioneira. Universidade São Francisco, 1993.

PFROMM Netto, Samuel et al. *O livro didático na educação*. Rio de Janeiro: Primor, INL, 1974.

PRESTES, Maria de Lourdes Almeida. Interdisciplinaridade – um conceito ainda mal definido. *Educação e Filosofia*. Uberlândia, 1(2), 1987, p. 61-68.

SANGIORGI, Osvaldo. Progresso do ensino da matemática no Brasil. In: FEHR, Haward F. (Org.). *Educação matemática nas américas: Relatório da 2ª Conferência Interamericana sobre Educação Matemática*. São Paulo: Companhia Editora Nacional, 1969.

SAVIANI, Demerval. *Educação: do senso comum à consciência filosófica*. São Paulo: Cortez, 1980.

SAVIANI, Demerval. *Escola e democracia: teoria da educação, curvatura da vara, onze teses sobre educação e política*. São Paulo: Cortez, 1986.

SERRES, Michel. *A comunicação*. Porto: Rés-Editora Ltda, s.d.

SOARES, Magda B. Um olhar sobre o livro didático. *Presença pedagógica – Livro: objeto do desejo*. Belo Horizonte: Dimensão, v. 2, n. 12, nov./dez. 1996, p. 53-63.

STÁVALE, Jácomo. *Segundo ano de matemática*. São Paulo: Companhia Editora Nacional, 1932.

TARDIF, Maurice. *Saberes docentes e formação profissional*. Petrópolis: Vozes, 2002.

TRAJANO, Antonio. *Álgebra elementar*. Rio de Janeiro: Francisco Alves, 1947.

VELLO, Valdemar. Em busca de rivais para o professor "sabe-tudo". In: *Anais do I Encontro Paulista de Educação Matemática*. Campinas: PUC-Campinas/SBEM-SP, 1989, p. 153-162.

VIEIRA, Evaldo A. O republicanismo e a educação. *Pró-posição*, v. 12, n. 2. Campinas: FE-Unicamp, Cortez, 1990, p. 19-21.

WEIL, Pierre et al. *Rumo à nova transdisciplinaridade: sistemas abertos de conhecimento*. São Paulo: Summus Editorial, 1993.

WERNECK, Ana Paula et al. Os debates em torno das reformas do ensino de matemática: 1990-1942. *Zetetiké, Cempem-FE-Unicamp*, v. 4, n. 5, 1996, p. 49-54.

Educação Matemática e letramento: textos para ensinar Matemática, Matemática para ler o texto

Maria da Conceição Ferreira Reis Fonseca
Cleusa de Abreu Cardoso

A reflexão sobre a centralidade dos processos de *letramento* nas discussões sobre a função social da escolarização tem exigido e propiciado que nos debrucemos sobre as demandas e as contribuições das diversas áreas do conhecimento e das diversas disciplinas escolares no que tange a tais processos.

No caso da Educação Matemática, seguindo uma tendência que já se delineou internacionalmente, diversos autores brasileiros têm contemplado em seus trabalhos relações entre Linguagem e Matemática (DAVID; LOPES, 2000; FONSECA, 1997; FONSECA, 2001; FRANT; RABELLO; LIMA, 2001; LINS, 1999; MACHADO, A. 1998; MACHADO, N., 1998) e, mais especificamente, relações entre práticas sociais associadas à Leitura e à Escrita e Educação Matemática (CÂNDIDO, 2001; CARRASCO, 2000; CARVALHO, 2001; CAVALCANTI, 2001; CHICA, 2001; CORRÊA, 2001; DANYLUK, 1991A, 1991B; DAYRELL, 1996; SMOLE, 2001; SMOLE; DINIZ, 2001; STANCANELLI, 2001; WANDERER, 2001).

Para a discussão que queremos propor aqui, vamos focalizar, nos trabalhos desses educadores e em nossa própria experiência como professoras e pesquisadoras em sala de aula, aspectos da intenção discursiva e das práticas de leitura de textos matemáticos, ou de textos trazidos à cena escolar para ensinar Matemática, ou ainda de textos que demandam a mobilização de conhecimentos matemáticos para sua leitura. Uma análise mais detalhada dessas possibilidades de relação entre atividade matemática e práticas de leitura em sala de aula encontra-se em Cardoso (2002), trabalho que também subsidia a abordagem que aqui queremos propor.

Textos de Matemática no ensino da Matemática

Quando nos propomos a identificar possibilidades de relação entre atividade matemática e práticas de leitura, ocorre-nos (especialmente a nós, professores de Matemática), imediatamente, a preocupação com a leitura de enunciados de questões e de problemas matemáticos, além da leitura dos textos didáticos que abordam conteúdos escolares de Matemática. A presença de textos dessa natureza é típica em toda prática de ensino de Matemática, e, não raro, imputamos às restrições das habilidades de nossos alunos na leitura desses textos grande parte da responsabilidade sobre eventuais insucessos no aprendizado da Matemática ou na realização de atividades a ele relacionadas.

Com efeito, é comum encontrarmos depoimentos de professores sobre as dificuldades que seus alunos enfrentam na leitura de enunciados e de problemas de Matemática. Em geral, nós, os professores que ensinamos Matemática, dizemos que "os alunos não sabem interpretar *o que o problema pede*" e vislumbramos, como alternativa para a solução da dificuldade, pedir ao professor ou professora de Língua Portuguesa que realize e/ou reforce atividades de interpretação de textos com nossos alunos.

A sugestão dos professores de Matemática aos colegas professores de Língua Portuguesa, embora possa contribuir para a leitura de uma maneira geral, não ataca a questão fundamental da dificuldade específica com os problemas e com outros textos matemáticos. Smole e Diniz (2001), discutindo exclusivamente sobre a leitura de problemas de Matemática, baseadas no trabalho que realizaram com crianças, dizem que

> a dificuldade que os alunos encontram em ler e compreender textos de problemas está, entre outros fatores, ligada à ausência de um trabalho específico com o texto do problema. O estilo no qual os problemas de matemática geralmente são escritos, a falta de compreensão de um conceito envolvido no problema, o uso de termos específicos da matemática que, portanto, não fazem parte do cotidiano do aluno e até mesmo palavras que têm significados diferentes na matemática e fora dela – total, diferença, ímpar, média, volume, produto – podem constituir-se em obstáculos para que ocorra a compreensão. (p.72)

As dificuldades de leitura apontadas pelas autoras, porém, aparecem nos textos de Matemática em geral e não somente nos enunciados dos problemas de Matemática. Smole e Diniz enumeram os obstáculos que podem surgir na interação dos alunos com os textos (de Matemática) que nós, professores de Matemática, propomos em nossos trabalhos de sala de aula: vocabulário *exótico*, ambigüidade de significados, desconhecimento funcional do conteúdo matemático. Talvez, para muitos de nós, não seja fácil perceber tais obstáculos e identificar seus reflexos para que possamos definir atitudes didáticas apropriadas para o trabalho com a leitura desses tipos específicos de textos. Na formação dos professores de Matemática, dificilmente são tratadas questões de didática da leitura (e da produção) de textos, como se não nos deparássemos com essas questões em nosso fazer docente. Parece-nos urgente que professores, pesquisadores e formadores dirijam suas atenções para o delicado processo de desenvolvimento de estratégias de leitura para o acesso a gêneros textuais próprios da atividade matemática escolar. A leitura e a produção de enunciados de problemas, instrução para exercícios, descrições de procedimentos, definições, enunciados de propriedades, teoremas, demonstrações, sentenças matemáticas, diagramas, gráficos, equações etc. demandam e merecem investigação e ações pedagógicas específicas que contemplem o desenvolvimento de estratégias de leitura, a análise de estilos, a discussão de conceitos e de acesso aos termos envolvidos, trabalho esse que o educador matemático precisa reconhecer e assumir como de sua responsabilidade.

Há ainda que se destacar a existência de diversos tipos de *textos matemáticos*, em que não predomina a linguagem verbal. São textos com poucas palavras, que recorrem a sinais não só com sintaxe própria, mas com uma diagramação também diferenciada. Para realização de uma atividade de leitura típica de aulas de Matemática, é necessário conhecer as diferentes formas em que o conteúdo do *texto* pode ser escrito. Essas diferentes formas também constituem especificidades dos gêneros textuais próprios da Matemática, cujo reconhecimento é fundamental para a atividade de leitura, sob pena de os objetivos definidos para o exercício não serem alcançados. Carrasco (2001) não só aponta eventuais problemas de leitura e de escrita, como responsáveis por dificuldades com a tarefa matemática – quando a linguagem matemática está envolvida – mas também discute as *soluções* que se têm adotado nesse sentido:

> A dificuldade de ler e escrever em linguagem matemática, onde aparece uma abundância de símbolos, impede muitas pessoas de compreenderem o conteúdo do que está escrito, de dizerem o que sabem de matemática e, pior ainda, de fazerem matemática.
>
> Neste sentido, duas soluções podem ser apresentadas. A primeira consiste em explicar e escrever, em linguagem usual, os resultados matemáticos. [...] Uma segunda solução seria a de ajudar as pessoas a dominarem as ferramentas da leitura, ou seja, a compreenderem o significado dos símbolos, sinais e notações. (p.192)

Há ainda uma outra oportunidade de leitura que aparece nas aulas de Matemática e que lida com textos que discorrem exclusivamente sobre conteúdos de Matemática: trata-se da leitura de textos que veiculam exposição dos conteúdos, definições, demonstrações, resultados etc. Ao se pensar nesses textos, é natural lembrar, primeiramente, livros didáticos e, na medida em que se conhecem, paradidáticos. Mas, entre os textos que abordam conteúdos de Matemática, devemos dar especial destaque àqueles que, escritos na lousa ou reproduzidos em mimeógrafo ou fotocópia, são produzidos pelos próprios professores e apresentam conteúdo proveniente de seus momentos de formação e de sua experiência pedagógica.

Especialmente no ensino médio e na Educação de Jovens e Adultos, ainda não agraciados com a distribuição gratuita de livros didáticos, a utilização desses textos costuma ser ainda muito freqüente, se comparada à utilização de textos de Matemática oriundos de outras fontes. Contudo, o objetivo das atividades de leitura desses textos didáticos é, em geral, tão-somente a assimilação de determinada idéia, procedimento ou conteúdo ali expostos, a fim de possibilitar ao leitor, logo em seguida, responder a algumas perguntas.

Talvez isso aconteça porque não existe "uma rotina de leitura que articule momentos de leitura individual, oral, silenciosa ou compartilhada de modo que, nas aulas de matemática, os alunos defrontem-se com situações efetivas e diversificadas de leitura" (SMOLE; DINIZ, 2001, p. 71). De fato, nas aulas de Matemática, as oportunidades de leitura não são tão freqüentes quanto poderiam, pois os professores tendem a promover muito mais atividades de "produção matemática", entendida como resolução de exercícios. Práticas de leitura não apenas de textos, mesmo que *teóricos*, de Matemática como também de descrições ou explicações escritas de procedimentos são, muitas vezes, preteridas em benefício das explicações orais, dos macetes, das receitas.

E, quando os professores promovem a leitura de tais textos, restringem as possibilidades dessa leitura a apenas um apoio à atividade matemática propriamente dita, sem explorar o que os textos podem proporcionar de informação, instrução, aprendizagem, conhecimento do modo de organização do saber matemático, prazer...

A leitura de textos que tenham como objeto conceitos e procedimentos matemáticos, história da Matemática ou reflexões sobre a Matemática, seus problemas, seus métodos, seus desafios pode, porém, muito mais do que orientar a execução de determinada técnica, agregar elementos que não só favoreçam a constituição de significados dos conteúdos matemáticos mas também colaborem para a produção de sentidos da própria Matemática e de sua aprendizagem pelo aluno.

Textos de outros contextos no ensino da Matemática

A segunda relação entre práticas de leitura e atividade matemática, que se manifesta nas ações escolares, trata ainda de textos dos quais os professores lançam mão visando ao ensino de Matemática. Entretanto, não se trata mais de textos originariamente criados para o ensino de Matemática. Focalizamos aqui a utilização de anúncios de produtos, mapas, contas de serviços públicos ou particulares, visores de aparelhos de medida etc., que aparecem nas situações de ensino-aprendizagem de Matemática, em geral inseridos nos enunciados de problemas.

Tais textos têm sido bastante freqüentes nas práticas de ensino de Matemática da escola básica. Essa freqüência parece responder a uma preocupação de *contextualizar* o ensino de Matemática na *realidade do aluno*, colocando em evidência o papel social da escola e do conhecimento matemático:

> Quando os jovens e adultos pedem para "aprender os números e as contas" eles estão certamente pensando em números e contas ligados ao mundo em que vivem, números e contas encharcados de vida, dentro de um contexto. Eles sabem que precisam dos números e das contas para resolver problemas reais, verdadeiros de sua vida diária e também para entender dos fatos e dos problemas que acontecem no seu município, estado, no Brasil e no mundo. Portanto, números e contas que têm sentido, ganham significado dentro das diferentes situações em que estão sendo utilizados.[...] É por isso que afirmamos que estudar, por exemplo, o número 2 solto, fora de um contexto, de uma situação de vida concreta vai ajudar muito pouco na alfabetização matemática dos alunos, pois estamos entendendo que se alfabetizar em matemática é mais do que simplesmente conhecer os números e saber fazer contas "secas", sem vida: a alfabetização matemática busca dar condições para que os jovens e adultos possam entender, criticar e propor modificações para situações de sua vida pessoal, da vida coletiva do assentamento e do mundo mais distante, onde estes números e contas "vivem" e têm significado. É para melhor compreender a vida, e assim, ter instrumentos para transformá-la, que os jovens e adultos querem e precisam aprender matemática. (MST, 1996, p.2)

Tomamos acima um trecho que faz referência à Educação de Jovens e Adultos, em que as condições de exclusão que caracterizam o público atendido fazem com que a preocupação com o papel social da escolarização seja recorrentemente enfatizada. Mas não será difícil encontrar textos que se referem à educação de crianças e adolescentes com essa mesma preocupação, especialmente nos dias atuais, em que a universalização do acesso à escola e a conseqüente entrada em cena de um alunado com demandas, contribuições e expectativas diferentes daquelas para as quais a escola tinha sido tradicionalmente formatada têm exigido de educadores e da sociedade uma nova reflexão sobre a função dessa instituição.

Além disso, para muitos autores de grande influência no discurso *oficial* da Educação Matemática, a contextualização aparece como um elemento *didático* importante no processo de *transposição* do conhecimento formalizado para um conhecimento ensinável (e aprendível):

> O conhecimento matemático formalizado precisa, necessariamente, ser transformado para se tornar passível de ser ensinado/aprendido; ou seja, a obra e o pensamento do matemático teórico não são passíveis de comunicação direta aos alunos. Essa consideração implica rever a

> idéia que persiste na escola, de ver nos objetos de ensino cópias fiéis dos objetos de ciência.
>
> Esse processo de transformação do saber científico em saber escolar não passa apenas por mudanças de natureza epistemológica mas é influenciado por condições de ordem social e cultural que resultam na elaboração de saberes intermediários, como aproximações provisórias necessárias e intelectualmente formadoras. É o que se pode chamar de contextualização do saber.
>
> Por outro lado, um conhecimento só é pleno se for mobilizado em situações diferentes daquelas que serviram para lhe dar origem. Para que sejam transferíveis a novas situações e generalizados, os conhecimentos devem ser descontextualizados, para serem contextualizados novamente em outras situações. Mesmo no ensino fundamental, espera-se que o conhecimento aprendido não fique indissoluvelmente vinculado a um contexto concreto e único, mas que possa ser generalizado, transferido a outros contextos. (BRASIL, 1997, p. 39)

É na intenção de promover essa *contextualização* que educadores e livros didáticos, ao proporem atividades didáticas de Matemática, procuram utilizar-se de situações cotidianas, que seriam passíveis de serem vividas pelo próprio aluno e/ou pessoas de sua convivência. São situações como as de compra em lojas, centros comerciais e supermercados, com seus folhetos de promoção ou notas fiscais, pagamentos com cheques, vales e carnês, conferências de contra-cheques e extratos bancários ou faturas. Envolvem ainda a leitura de mapas, croquis, gráficos diversos, visores etc. Ao inserir tais textos nos enunciados dos problemas, esperam envolver *contextos significativos* para o aluno, tomando esses textos como textos de Matemática, pretendendo que sejam oportunidades de dar acesso, explorar ou decifrar linguagens e procedimentos matemáticos diversos, utilizados no cotidiano. Essa inserção parece compor um conjunto de esforços que visam a uma maior proximidade entre as práticas escolares e práticas sociais variadas e a explicitação do papel da escola na preparação do aluno para um melhor desempenho nessas práticas.

Entretanto, esse processo de aproximação acaba sendo fragilizado pela dificuldade em se transgredir as práticas escolares e pela tendência (quase vício) de submeter as *práticas sociais* ao ritual escolar. Assim, apesar de buscar promover práticas de leitura variadas, por meio de uma maior diversificação dos gêneros textuais utilizados, nessa segunda relação, ainda observamos *o texto a serviço do ensino de Matemática*.

Ao observar práticas pedagógicas nas salas de aula ou abordagens propostas por livros didáticos, é comum colhermos flagrantes do distanciamento entre a maneira em que os textos são tratados na escola e na sociedade, conforme já nos apontara Chartier (1994):

> Segundo os locais e as circunstâncias, cada qual pode ter a oportunidade, a obrigação ou o desejo de ler e escrever para sua vida pessoal ou profissional; mas as atividades impostas a cada aluno pela escola para fazer com que ele leia e escreva, para dar a ele capacidade e gosto pela leitura e pela escrita são, quase sempre, sessões que ninguém terá mais que praticar uma vez tendo concluído a escola. Em suma, quando comparamos a maneira como a escola trata a escrita e a maneira pela qual ela está presente em nossas sociedades industrializadas, eletronizadas, burocratizadas, midiatizadas, só nos resta constatar uma distância enorme. (p. 149)

A intenção dos professores e dos autores de textos didáticos não será, evidentemente, a de promover uma prática de leitura distante do que se vive na sociedade. Pelo contrário, ao lançar mão de gêneros *não-matemáticos*, o que esses educadores procuram é justamente a aproximação do fazer matemático com fazeres cotidianos. (Re)conhecer que um texto escolar intencionalmente contextualizado em situações cotidianas pode ser distante das práticas sociais talvez lhes pareça surpreendente.

Não há como negar o esforço em promover uma situação de leitura em aulas de Matemática, tanto por parte do autor do texto didático quanto pelos professores que trazem textos de outros contextos para a aula de Matemática. Muitas vezes, porém, a situação que se forja para sua leitura configura-se artificial, pois o leitor é chamado a ler o texto tão-somente para "encontrar as informações mais importantes" que, na opinião do professor ou do autor do livro didático, servirão de respostas para os itens do exercício. Não se estabelece uma situação própria das leituras sociais, em que o leitor procura no texto resposta para suas próprias indagações ou necessidades. Chartier (1994) denuncia a artificialidade da leitura escolar "praticada por meio de textos fabricados para se fazer ler" (p.155), em oposição à leitura social, que "é autêntica, praticada em situações onde o leitor sabe por que ele precisa ler" (Idem).

Essa limitação do *objetivo da leitura*, que faz o leitor enfrentar o texto não para responder a suas demandas próprias e genuínas, mas para *responder a perguntas* formuladas por outrem, inibe a autonomia do leitor e reforça a concepção de que os objetivos de leitura associados à atividade matemática limitam-se à identificação de dados (informados ou demandados), não contribuindo para que os alunos se tornem *leitores autônomos em Matemática*, adaptados à variabilidade que se poderia atribuir à leitura na atividade matemática: ler para obter uma informação precisa, ler para seguir instruções, ler para obter uma informação de caráter geral, ler para aprender, ler para revisar um escrito próprio, ler por prazer, ler para comunicar um texto a um auditório, ler para praticar a leitura em voz alta, ler para verificar o que se compreendeu (SOLÉ, 1998).

A disposição para a utilização de textos de outros contextos, a fim de introduzir, desenvolver ou aplicar conceitos e procedimentos da Matemática, é forjada pela preocupação legítima dos educadores em conferir às atividades de ensino de Matemática elementos que evidenciem a utilidade social do conhecimento matemático. Para isso, na estruturação da atividade matemática, são agregados, aos textos do gênero *texto de matemática*, textos de outros gêneros que, embora busquem mostrar a inserção da atividade matemática em diversos *contextos*, muitas vezes sofrem adaptações, num esforço equivocado de simplificação da estrutura, do estilo e do próprio conteúdo temático dos textos agregados. Essa prática, necessariamente, transforma os gêneros envolvidos: os textos de Matemática e os de outros contextos introduzidos na proposição e no desenvolvimento da atividade matemática.

Quando um autor, por exemplo, introduz um outro texto num enunciado de um exercício de Matemática, a primeira observação que podemos fazer é que o gênero *texto de matemática* se transforma porque incorpora uma contextualização *extra*-matemática. Um processo de transformação também ocorre com o texto que foi incorporado ao enunciado do exercício (que é um texto didático), mesmo que essa incorporação tenha ocorrido sem simplificações ou com adaptações cuidadosas. Há uma transformação do gênero pelo processo de *didatização*, e, portanto, a prática de leitura dos textos incorporados (nota fiscal, conta de luz, reclames publicitários, mapas) ao texto didático de Matemática é a prática de leitura do texto didático de Matemática e não a prática de leitura de nota fiscal, de conta de luz, de reclames publicitários, de mapas. Assim, mesmo incorporando elementos do contexto social ao texto didático de Matemática, estamos nos distanciando das práticas sociais de leitura, exatamente porque as práticas de leitura desses textos foram contaminadas pelas estratégias de leitura dos textos escolares, distintas daquelas utilizadas para a leitura social.

Kleiman e Moraes (1999, p. 117-8) ponderam que todo texto utilizado na escola sofre, necessariamente, um processo de *didatização*, mas acreditam que tal processo deve ser conseqüência dos procedimentos metodológicos e didáticos a que o texto é submetido em aula e não resultado da simplificação ou da obsolescência do texto. Então, estamos pensando sobre que procedimentos podemos adotar na sala de aula, na escola, para verdadeiramente nos aproximarmos das situações de leitura de textos que existem na sociedade. Quando faz um questionamento da mesma natureza, Chartier (1994) afirma: "[...] o que é preciso é transformar radicalmente as práticas escolares de leitura, 'desescolarizá-las' para aproximá-las daquelas da sociedade contemporânea" (p. 156).

A terceira relação que queremos discutir parece carregar o germe desse esforço de "desescolarização" das práticas de leitura e, inclusive, da atividade matemática.

Textos que supõem ou mobilizam conhecimento matemático para o tratamento de questões de outros contextos

A terceira possibilidade de relação entre atividade matemática e práticas de leitura, que trazemos aqui para discussão, emerge das oportunidades em que, no contexto escolar, se lança mão de textos cuja leitura demanda idéias ou conceitos, procedimentos ou relações, vocabulário ou linhas de argumentação próprios do conhecimento matemático, sem que seu objetivo específico e declarado seja o de ensinar Matemática.

Em muitos textos com os quais lidamos em várias atividades da vida social, informações numéricas aparecem como parte de sua estrutura argumentativa, e o tratamento dessas informações (que pode envolver decodificação, comparação, cálculos, validação de hipóteses, conjecturas, inferências) não se impõe como um *treinamento de Matemática*, aproveitando a *desculpa* do texto, mas como um esforço de interpretação para compreensão do texto, de sua intenção discursiva.

A abordagem das relações quantitativas como parte integrante da prática de leitura do texto enseja, pois, um tratamento do conhecimento matemático que o associa à idéia de que a atividade matemática é necessária para a leitura de alguns dos textos que estão presentes tanto na escola quanto na sociedade. Com efeito,

> na atualidade, as linguagens matemáticas estão presentes em quase todas as áreas do conhecimento. Por isso, o fato de dominá-las passa a constituir-se um saber necessário considerando o contexto do dia-a-dia.
> (KLÜSENER, 2000, p. 177)

Essa presença, bastante recorrente, tem sido, inclusive, muitas vezes apontada como justificativa para se ensinar Matemática na escola. Naturalmente, não queremos dizer que a Matemática deva ser ensinada nas escolas apenas por ser *um instrumento para as outras áreas do conhecimento*. É importante que ela seja trabalhada também por seu conteúdo específico, que tem aspectos sintáticos, semânticos e pragmáticos próprios e que a constitui como um corpo de conhecimentos, resultado de construções humanas, resposta a suas demandas e expectativas, patrimônio cultural das sociedades, expressão e veículo das relações de poder e dos esforços de superá-las. Nesse sentido, a Matemática não é só um instrumento: é um modo de compreender e expressar a realidade própria de uma cultura – à qual os alunos querem ter acesso!

Uma marca típica desse modo de ver, entender e falar sobre o mundo é o registro por meio de gráficos: a prática de leitura do texto de Geografia, por exemplo, pode demandar uma atividade que nos pareça tipicamente matemática, como a leitura de um gráfico, porque um modo de entender e expressar a compreensão do mundo própria do conhecimento matemático – o que organiza e relaciona valores quantificados – permeia também um modo de compreensão e expressão do mundo própria do conhecimento geográfico – o que expressa certas condições por meio de informações quantificáveis e que demanda relacioná-las para identificação de tendências –, um e outro historicamente construídos.

Entre os trabalhos que indicam, de alguma forma, essa relação, destacamos o de Wanderer (2001). Essa autora, na perspectiva de um "processo pedagógico etnomatemático", constatando que práticas de leitura de jornais e revistas estão entre as fontes de informação e lazer de seus alunos, passa a considerar o significado cultural de um trabalho pedagógico com o uso de produtos da mídia. Nessa perspectiva, Fernanda Wanderer descreve sua própria prática pedagógica, em que utiliza reportagens de jornal, assumindo, como seu propósito primeiro, discutir e problematizar produtos veiculados pela mídia e, de alguma forma, desenvolver estratégias para uma leitura crítica. Para isso, incentiva e orienta seus alunos na interpretação das informações veiculadas em textos diversos da mídia, muitas delas apresentadas por meio de dados numéricos. A própria autora explicita a inversão da intencionalidade da atividade, quando afirma que "a reportagem do jornal não seria, dessa forma, utilizada como ponto de partida para o ensino da Matemática acadêmica"(p. 13). Essa professora não coloca os *textos a serviço* do ensino de Matemática, mas, deliberadamente, recorre à *Matemática a serviço da leitura dos textos*.

Entretanto, uma prática de leitura em situação *natural* (proposta para compreensão do texto e não para o exercício de determinados procedimentos matemáticos) pode demandar de seus leitores conhecimentos matemáticos que eles não dominam, nem sempre previstos ou mesmo incompatíveis com o período da escolarização que estejam cursando. Esse é um risco, em geral, muito temido por nós, professores, sempre preocupados em manter um certo nível de previsibilidade de nossas ações pedagógicas.

Nosso desconforto relaciona-se, numa certa medida, à nossa submissão ao *dogma* do pré-requisito no ensino de Matemática, mas denuncia, principalmente, nossa falta de preparo e de condições pessoais e estruturais para trabalhar coletivamente com nossos colegas de outras áreas no ambiente escolar. Kleiman e Moraes (1999), referindo-se ao profissional que atua na rede pública de ensino, nos ajudam a pensar como tal dificuldade se manifesta:

> O profissional que hoje atua na rede pública do ensino fundamental foi formado dentro da concepção fragmentada, positivista do conhecimento. Como era de se esperar, ele se sente inseguro de dar conta da nova tarefa. Ele não consegue pensar interdisciplinarmente porque toda a sua aprendizagem realizou-se dentro de um currículo compartimentado. Ele sente dificuldade em desenvolver projetos temáticos – que pressupõem intenso trabalho coletivo e implicam a perda da predominância de tarefas

e avaliações individualizadas – porque nosso currículo tradicional nunca o ensinou a trabalhar coletivamente. Ele não dá conta de construir um projeto pedagógico para a escola porque nunca consultaram a sua opinião sobre metas, rumos e expectativas para nosso sistema de ensino. Ele não consegue desenvolver a leitura crítica no aluno porque formou-se dentro da visão segundo a qual a leitura e a escrita são atribuições de disciplinas e não atividades de linguagem fundamentais para o desenvolvimento do indivíduo em sociedades tecnológicas. (p.24)

A dificuldade que nós, professoras e professores, temos em trabalhar interdisciplinarmente reflete-se na realização de um trabalho fragmentado, composto predominantemente por tarefas e ações individualizadas, e que, além disso, compromete a formação de nossos alunos como leitores críticos.

Acompanhando a reflexão dessas autoras, queremos relacionar a análise dessa terceira relação entre as práticas de leitura e a atividade matemática com as possibilidades de trabalho interdisciplinar, salientando a relevância desse trabalho justamente por sua interferência nas práticas de leitura escolares.

O aumento crescente do grau de complexidade das práticas de leitura – promovida e almejada pela escolarização – determina também uma maior exposição do aluno a situações, relacionadas a sua vida social, que demandam avaliações e tomadas de decisões, para as quais o domínio de conceitos e procedimentos sistematizados passa a se fazer necessário. Por isso mesmo, entre os educadores matemáticos, existe já um razoável consenso sobre a valorização da prática social dos alunos nas atividades escolares – mas que nem sempre contamina as práticas de leitura desenvolvidas na escola, especialmente aquelas que se desenvolvem num horário que, a princípio, estaria reservado para se ensinar *Matemática*.

Kleiman e Moraes (1999), quando manifestam a necessidade de algo que una as disciplinas escolares para que realmente se possa trabalhar na perspectiva interdisciplinar, apontam a leitura como sendo esse elo de ligação para o trabalho escolar. Nesse sentido, as autoras afirmam que "a leitura é a atividade-elo que transforma os projetos de um professor em projetos interdisciplinares: parte-se da ótica do especialista – historiador, geógrafo, biólogo – para instaurar um espaço comum a todos, o da leitura"(p. 23).

O trabalho interdisciplinar pode acontecer porque as práticas de leitura dos diversos tipos de textos que circulam em nossa sociedade não apenas proporcionam aos leitores uma abertura para relacionar o assunto que está sendo lido com outros já conhecidos, mas também permitem perceber que é necessário conhecer outros assuntos para compreender o texto: "Aproveita-se de conexões naturais e lógicas que cruzam as áreas de conteúdos e organiza-se ao redor de perguntas, temas, problemas ou projetos" (KLEIMAN; MORAES, 1999, p. 27).

Desenvolver trabalhos nessa perspectiva implica a possibilidade de trabalhar assuntos diretamente relacionados à prática social dos alunos e de colaborar para a construção de estratégias de leitura crítica dos textos e da realidade – condição para a constituição do desejo de, e das ações para, transformar essa realidade.

Referências

BRASIL. Ministério da Educação e do Desporto. Secretaria de Educação Fundamental. *Parâmetros curriculares nacionais*: Matemática, v.3. Brasília: MEC/SEF, 1997.

CÂNDIDO, Patrícia T. Comunicação em Matemática. In: SMOLE, Kátia C. S.; DINIZ, Maria Ignez (Orgs.). *Ler, escrever e resolver problemas: habilidades básicas para aprender matemática*. Porto Alegre: Artmed, 2001, p. 15-28.

CARDOSO, Cleusa de A. *Práticas de leitura em aulas de Matemática: uma experiência em alfabetização de adultos*. 1997. Monografia – Faculdade de Educação da UFMG, Belo Horizonte, 1997.

CARDOSO, Cleusa de A. *Atividade matemática e práticas de leitura em sala de aula: possibilidades na educação escolar de jovens e adultos*. 2002. Dissertação (Mestrado) – Faculdade de Educação da UFMG, Belo Horizonte, 2002.

CARRASCO, Lucia H. M. Leitura e escrita na matemática. In: NEVES, Iara C.B. *et al.* (Orgs.). *Ler e escrever: compromisso de todas as áreas*. Porto Alegre: Editora da Universidade/ UFRGS, 2000, p.190-202.

CARVALHO, Dione L. A leitura do texto escrito e o conhecimento matemático. In: RIBEIRO, Vera M. *Educação de jovens e adultos: novos leitores, novas leituras*. Campinas: Mercado das Letras: Associação de Leitura do Brasil – ALB; São Paulo: Ação Educativa, 2001, p. 89-98.

CAVALCANTI, Cláudia T. Diferentes formas de resolver problemas. In: SMOLE, Kátia C. S.; DINIZ, Maria Ignez (Orgs.). *Ler, escrever e resolver problemas: habilidades básicas para aprender matemática*. Porto Alegre: Artmed, 2001, p. 121-150.

CHARTIER, Anne-Marie. A escrita na escola e na sociedade: os efeitos paradoxais de uma distância constatada. In: SIMPÓSIO INTERNACIONAL SOBRE A LEITURA E ESCRITA NA SOCIEDADE E NA ESCOLA, 1994, Brasília. *Anais*....Belo Horizonte: Fundação AMAE para Educação e Cultura, 1994. p. 149-162.

CHICA, Cristiane H. Por que formular problemas? In: SMOLE, Kátia C. S.; DINIZ, Maria Ignez (Orgs.). *Ler, escrever e resolver problemas: habilidades básicas para aprender matemática*. Porto Alegre: Artmed, 2001, p. 151-174.

CORRÊA, Roseli de A. Fazendo média com a mídia: o texto jornalístico na sala de aula de matemática. In: ENCONTRO DE EDUCAÇÃO MATEMÁTICA DE OURO

PRETO, 2, Ouro Preto. *Anais...* Ouro Preto: UFOP/Instituto de Ciências Exatas e Biológicas, 2001, p. 54-55.

DANYLUK, Ocsana S. *Alfabetização matemática: o cotidiano da vida escolar.* Caxias do Sul: EDUCS, 1991a.

DANYLUK, Ocsana. O ato de ler o discurso matemático. *Leitura: Teoria e Prática.* Campinas: ALB, dez., 1991b, p. 17-21.

DAVID, Maria Manuela M. S.; LOPES, Maria da Penha. Falar sobre Matemática é tão importante quanto fazer Matemática. *Presença Pedagógica,* Belo Horizonte, n. 32, v. 6, mar./abr., 2000, p. 16-24.

DAYRELL, Mônica M. M. S. S. *Práticas de alfabetização e suas interferências no ensino da Matemática.* 1996. Dissertação (Mestrado em Educação) – Faculdade de Educação da UFMG, Belo Horizonte, 1996.

DINIZ, Maria Ignez. Os problemas convencionais nos livros didáticos. In: SMOLE, Kátia C. S.; DINIZ, Maria Ignez (Orgs.). *Ler, escrever e resolver problemas: habilidades básicas para aprender matemática.* Porto Alegre: Artmed, 2001, p. 99-101.

FONSECA, Maria da Conceição F.R. *Educação matemática de jovens e adultos: especificidades, desafios e contribuições.* Belo Horizonte: Autêntica (Coleção Tendências em Educação Matemática), 2002.

FONSECA, Maria da Conceição F. R. *Discurso, memória e inclusão: reminiscências da matemática escolar de alunos adultos do Ensino Fundamental.* Campinas: Faculdade de Educação da UNICAMP, 2001a. (Tese de doutorado).

FONSECA, Maria da Conceição F. R. Lembranças da matemática escolar: a constituição dos alunos da EJA como sujeitos de aprendizagem. *Educação e Pesquisa.* São Paulo, v. 27, n. 2, jul./dez., 2001b.

FONSECA, Maria da Conceição F. R. O ensino de Matemática e os contos de fadas. *Presença Pedagógica,* Belo Horizonte, v. 3, n. 18, nov./dez., 1997.

FRANT, Janete B.; CASTRO, Mônica R.; LIMA, Tânia. Pensamento combinatório: uma análise baseada na estratégia argumentativa. In: REUNIÃO ANUAL DA ASSOCIAÇÃO NACIONAL DE PÓS-GRADUAÇÃO E PESQUISA EM EDUCAÇÃO, 24, 2001, Caxambu (MG). *CD-ROM...* São Paulo: ANPED, 2001, p. 1-12 (Publicação eletrônica).

KLEIMAN, Ângela B.; MORAES, Silvia E. *Leitura e interdisciplinaridade: tecendo redes nos projetos da escola.* Campinas: Mercado das Letras, 1999. (Coleção Idéias sobre Linguagem).

KLEIMAN, Ângela. *Texto e leitor: aspectos cognitivos da leitura.* Campinas: Pontes, 1997.

KLÜSENER, Renita. Ler, escrever e compreender a matemática, ao invés de tropeçar nos símbolos. In: NEVES, Iara C. B. *et al.* (Orgs.). *Ler e escrever: compromisso de todas as áreas.* Porto Alegre: Editora da Universidade/UFRGS, 2000. p. 175-189.

LINS, Rômulo C. Por que discutir teoria do conhecimento é relevante para a Educação Matemática. In: BICUDO, Maria A. V. (Org.). *Pesquisa em Educação Matemática: concepções & perspectivas*. São Paulo: Editora da UNESP, 1999. cap.4, p. 75-94.

MACHADO, Airton C. *A aquisição do conceito de função: perfil das imagens produzidas pelos alunos*. 1998. Dissertação (mestrado em Educação) – Faculdade de Educação da UFMG, Belo Horizonte, 1998.

MACHADO, Nilson J. *Matemática e língua materna: análise de uma impregnação mútua*. 4. ed. São Paulo: Cortez, 1998.

MARTINS, Maria Helena. Leitura: enigma e possibilidades. In: SILVA, Luiz H. da (Org.). *A escola cidadã no contexto da globalização*. Petrópolis: Vozes, 1998. p. 287-299.

MST – MOVIMENTO DOS TRABALHADORES RURAIS SEM TERRA. *Alfabetização de jovens e adultos*: Educação Matemática. São Paulo: MST, 1996. Caderno de Educação n.5.

SMOLE, Kátia C. S.; DINIZ, Maria Ignez. Ler e aprender matemática. In: SMOLE, Kátia C. S.; DINIZ, Maria Ignez (Orgs.). *Ler, escrever e resolver problemas*: habilidades básicas para aprender matemática. Porto Alegre: Artmed, 2001. cap. 3, p. 69-86.

SMOLE, Kátia C. S. Textos em matemática: por que não? In: SMOLE, Kátia C.S.; DINIZ, Maria Ignez (Orgs.). *Ler, escrever e resolver problemas: habilidades básicas para aprender matemática*. Porto Alegre: Artmed, 2001. cap. 2, p. 29-68.

SOARES, Magda. A escola: espaço de domínio da escrita e da leitura? In: SIMPÓSIO INTERNACIONAL SOBRE A LEITURA E ESCRITA NA SOCIEDADE E NA ESCOLA, 1994, Brasília. *Anais*....Belo Horizonte: Fundação AMAE para Educação e Cultura, 1994. p. 31-45.

SOARES, Magda. *Letramento: um tema em três gêneros*. Belo Horizonte: Autêntica, 1998.

SOLÉ, Isabel. *Estratégias de leitura*. Trad. Cláudia Schilling. Porto Alegre: Artmed, 1998.

STANCANELLI, Renata. Conhecendo diferentes tipos de problemas. In: SMOLE, Kátia C.S.; DINIZ, Maria Ignez (Orgs.). *Ler, escrever e resolver problemas: habilidades básicas para aprender matemática*. Porto Alegre: Artmed, 2001. cap. 6, p.103-120.

WANDERER, Fernanda. Educação de Jovens e Adultos e produtos da mídia: possibilidades de um processo pedagógico etnomatemático. In: REUNIÃO ANUAL DA ASSOCIAÇÃO NACIONAL DE PÓS-GRADUAÇÃO E PESQUISA EM EDUCAÇÃO, 24, 2001, Caxambu (MG). *CD-ROM*... São Paulo: ANPEd, 2001, p. 1-17.

Literacia Estatística na educação básica[1,2]

Celi Espasandin Lopes
Carolina Carvalho

A valorização do aprender Matemática possibilitou que os alunos começassem a compreender a importância da Matemática nas suas vidas. Isso os fez mais confiantes em suas capacidades para fazer Matemática e, ao tornarem-se mais competentes, passaram a ser habilidosos e eficazes solucionadores de problemas.

Viver exercendo plenamente a cidadania exige que a pessoa possua diferentes capacidades. O desafio, para os professores da escola básica, é despertar e motivar os estudantes a aprenderem durante toda a sua vida.

Cada vez mais se acentua a importância da Estatística, da Probabilidade e de suas aplicações no mundo onde a criança vive. Assiste-se ao abandono da memorização de fórmulas e algoritmos, priorizando-se as conexões entre a Matemática e o mundo. Ter a possibilidade de resolver problemas que lhe estão próximos leva o aluno a ser mais persistente no que está a fazer, até encontrar a resolução.

Na opinião de Shaughnessy (1992, 1996), ser competente em Estatística é essencial aos cidadãos das sociedades atuais: para ser crítico em relação à informação disponível na sociedade, para entender e comunicar com base nessa informação, mas, também, para tomar decisões, uma vez que uma grande parte da organização dessas mesmas sociedades tem por base esses conhecimentos.

A sociedade contemporânea requer de toda pessoa habilidades relativas à *Literacia* Estatística, um conceito esclarecido em Lopes (2004):

---

[1] O termo *literacia* nos dicionários de língua portuguesa publicados em Portugal é apresentado como a capacidade de ler e escrever. Dessa forma, a *literacia estatística* refere-se a capacidade para interpretar argumentos estatísticos em jornais, notícias e informações diversas; trata-se de uma competência que vai além da computacional, alargando-se pela *literacia* numérica necessária às populações que estão a ser constantemente bombardeadas com dados sobre os quais têm de tomar decisões.

[2] Educação Básica no Brasil compreende a Educação Infantil (0-6 anos), o Ensino Fundamental (7-14 anos) e o Ensino Médio (15-17 anos).

> [...] a literacia estatística requer o desenvolvimento do pensamento estatístico, o qual permite que a pessoa seja capaz de utilizar idéias estatísticas e atribuir um significado à informação estatística. Por outras palavras, ser capaz de fazer interpretações a partir de um conjunto de dados, de representações de dados ou de um resumo de dados. O pensamento estatístico consiste em uma combinação de idéias sobre dados e incerteza, que conduzem uma pessoa a fazer inferências para interpretá-los e, ao mesmo tempo, apropriar-se de conceitos e idéias estatísticas, como a distribuição de freqüências, medidas de posição e dispersão, incerteza, acaso e amostra (LOPES, 2004, p. 188).

Sensivelmente até aos anos de 1950 e de 1960, o ensino da Estatística era dominado por fortes preocupações centradas nas ferramentas e nos métodos necessários para resolver os problemas presentes nos mais variados contextos e para os quais a Estatística era considerada um instrumento importante que permitia, aos mais variados setores da sociedade, medir, descrever e classificar. O mérito da Estatística restringia-se aos serviços prestados às outras áreas do conhecimento. Conseqüentemente, naquela altura, o seu ensino tendia a refletir essa visão instrumental, segundo a qual a Estatística é um conjunto de noções e técnicas matemáticas rigorosas, que podem utilizar forma objetiva, estando a atividade estatística circunscrita a uma utilização formal e mecanicista dessas noções e técnicas.

Entre os anos de 1960 e de 1970, o foco da Estatística concentrou-se nos seus aspectos matemáticos. Nessa época, assistiu-se a uma forte preocupação de afirmação da Estatística como uma ciência independente das influências sociais, orientada pelo rigor e pela objetividade, resultantes da influência matemática. Essa foi, igualmente, uma época em que, na própria Matemática,

> apesar da intenção de valorizar a compreensão dos conceitos e métodos [...], o formalismo e o simbolismo tornaram-se nos anos 60 os aspectos mais salientes dos novos programas, dando origem a um ensino que, aos olhos dos alunos, mostrava uma disciplina abstrata e desligada da realidade (ABRANTES, 1994, p. 17).

O ensino da Estatística acontece, nessa concepção, muito em torno de classes de problemas semelhantes entre si, com o objetivo de que o aluno saiba reconhecer os vários modelos de problemas, reproduzir procedimentos e utilizar eficazmente os conceitos. Valorizam-se os aspectos numéricos, fruto das várias ferramentas estatísticas, na caracterização das situações. O ensino e a aprendizagem ficam circunscritos às noções e aos métodos quantitativos disponíveis.

A partir dos anos de 1970 e de 1980, introduziu-se a análise exploratória de dados no ensino e aprendizagem da Estatística. Nessa altura, como refere

Biehler (1989), a Estatística começou a ser cada vez mais considerada como uma afetividade essencialmente social, abandonando-se uma valoração pelo seu próprio conhecimento intrínseco. Para esse autor, qualquer estudo estatístico envolve o seu ou os seus executores num processo de análise, descoberta, formulação, divulgação e discussão de hipóteses e resultados. Tal processo obriga à comunicação e à cooperação entre os diversos intervenientes do estudo que tenham um papel de destaque na procura da verdade e objetividade dos fatos. Considerando que uma interpretação do problema em estudo não se efetiva seguindo apenas as regras lógicas ou um tratamento associal dos mesmos, vale lembrar que

> Seria importante observar que o ensino da Estatística não poderia vincular-se a uma definição de Estatística restrita e limitada, isto é, a uma simples coleta, organização e representação de dados, pois este tipo de trabalho não viabilizaria a formação de um aluno com pensamento e postura críticos (LOPES, 1998, p. 114).

As potencialidades da análise exploratória de dados foram trazidas para a sala de aula nos anos de 1970 por Tukey (1977) e, no início do século XXI, já é considerada como a forma ideal de ensinar e aprender Estatística (SCHEAFFER, 2000). No entanto, continua a não ser uma presença em muitas das salas de aula (FONSECA E PONTE, 2000; LOPES, 1998). Por exemplo, em Portugal, nos atuais programas do ensino básico, não se encontram referências claras a esta forma de trabalho (MINISTÉRIO DA EDUCAÇÃO, 1991a, 1991b, 1997). No Brasil, a educação estatística está atrelada ao bloco de conteúdo "Tratamento da Informação", mas a ênfase nas aulas de Matemática ainda tem estado nas tabelas, gráficos e alguns cálculos com as medidas de posição.

Scheaffer (2000) refere-se às seguintes vantagens para a introdução da análise exploratória de dados, mesmo no que se relaciona à aprendizagem dos conceitos elementares: "não só porque é a forma mais fácil de o fazer, mais motivadora e a mais criativa para além de que é a forma como muitas investigações científicas começam" (SCHEAFFER, 1990, p. 93). Para este autor, só assim os alunos compreendem como a coleta, a organização e a interpretação acontecem ao mesmo tempo em que descobrem capacidades de argumentar, refletir, criticar, sem esquecer as competências ligadas aos próprios conceitos estatísticos. Cobb (1999) partilha da mesma opinião, referindo que, quando os alunos não estão ativamente envolvidos na criação dos dados, facilmente apresentam dificuldades para analisá-los, ou mesmo, para saber como devem fazê-lo.

Esta revolucionária forma de trabalhar a Estatística na sala de aula aproxima-se do que as reformas curriculares consideram ser a forma adequada de trabalhar a Matemática no ensino não-superior (COCKCROFT, 1982; NCTM, 1991), ou seja, um trabalho em que se privilegia uma investigação de temas.

Scheaffer (2000) considera que tradicionalmente a Estatística tem sido ensinada como um conjunto de técnicas em vez de uma forma de pensar sobre o mundo e que os professores e alunos tendem a enfatizar

> [...] aspectos particulares por oposição a princípios e aprender procedimentos e fórmulas em vez de metodologias e formulações mais amplas. As técnicas continuam a ser úteis e talvez sejam uma parte importante da instrução, podendo mesmo ser um ponto de partida, mas atualmente o ensino da Estatística tem de ir além do livro de texto ou dos procedimentos [...] a educação estatística moderna tem de ter a Análise Exploratória de Dados no seu seio (SCHEAFFER, 2000, p. 158).

Se, nos anos de 1970, a análise exploratória de dados vivia junto à análise descritiva, onde tem raízes, recentemente enfatizam-se a organização, a descrição, a representação e a análise, dando-se especial relevo aos aspectos visuais – diagramas, gráficos, tabelas e mapas. Como afirmam Shaughnessy, Garfield e Greer (1996), "trabalhar na Análise Exploratória de Dados é um estado de espírito, um ambiente onde se pode explorar dados e não só um determinado conteúdo estatístico" (p. 205). Do ponto de vista do trabalho em sala de aula com os alunos, esta pode ser a oportunidade de estes trabalharem modelos, regularidades, padrões e variações dentro dos dados.

Educação Estatística

Scheaffer (2000) considera a análise exploratória como um dos três grandes desafios para a educação Estatística do século XXI, a par de um maior recurso aos dados e aos conceitos que possibilitam sua compreensão, porém, com menos teoria e receitas e uma aprendizagem mais ativa, apor meio de projetos que permitam aos alunos desenvolver trabalhos em que têm de viver desde os primeiros momentos com a situação geradora dos dados (COBB, 1999). Essa idéia é reforçada por Garfield e Gal (1999) ao definirem raciocínio estatístico.

> O raciocínio estatístico pode ser definido como sendo o modo como as pessoas raciocinam com as idéias estatísticas, conseguindo assim dar um significado à informação estatística. O que envolve fazer interpretações com base em conjuntos de dados, representações de dados ou resumos de dados. Muitos dos raciocínios estatísticos combinam dados e acaso, o que leva a ter de ser capaz de fazer interpretações estatísticas e inferências (GARFIELD E GAL, 1999, p. 207).

De acordo com esses autores, o fato de a Estatística ser ensinada como um tópico da Matemática faz com que seja freqüentemente lecionada com ênfase na computação, nas fórmulas e nos procedimentos, havendo quem julgue que o raciocínio matemático e o estatístico são semelhantes.

Gal e Garfield (1997), porém, distinguem as duas disciplinas por intermédio de quatro pontos: para a Estatística, os dados são vistos como números num contexto; o contexto motiva os procedimentos e é a base para a interpretação dos resultados; a indeterminação ou a confusão dos dados distingue uma investigação estatística de uma exploração matemática mais precisa e com uma natureza mais finita; os conceitos e os procedimentos matemáticos são usados em parte para resolver os problemas estatísticos, mas estes não são limitados por eles. O fundamental, nos problemas estatísticos, é que, pela sua natureza, não têm uma solução única e não podem ser avaliados como totalmente errados nem certos, devendo ser avaliados em termos da qualidade do raciocínio, da adequação dos métodos utilizados à natureza dos dados existentes.

Gal e Garfield (1997, 1999) apontam sete objetivos para os alunos atingirem o raciocínio estatístico. O primeiro deles prende-se à compreensão da lógica das investigações estatísticas, ou seja, como se conduzem e desenvolvem investigações estatísticas; nomeadamente, a existência de variação e a necessidade de descrever as populações quando se coletam os dados e, posteriormente, como estes podem ser organizados. À medida que os alunos se vão familiarizando com as investigações, importa que compreendam a necessidade da amostra em vez das populações, conseguindo então inferir a partir da amostra para as populações. Conseqüentemente, a relação lógica entre erro, medida e inferências tem de ser analisada. Para esses autores, o grau de profundidade com que as noções e as relações lógicas entre eles são trabalhadas deve estar de acordo com o nível de escolaridade dos alunos; acrescentam, no entanto, que estes – que são desde logo iniciados em noções e procedimentos como a existência de variabilidade; a necessidade de descrever populações colecionando dados; as vantagens de reduzir a quantidade dos dados recolhidos tendo em vista a sua futura comunicação; as razões para escolher amostras em vez de populações – tiram benefícios do mesmo tipo de objetivos, materiais e forma de os explorar, independentemente do seu ano de escolaridade.

O segundo objetivo refere-se à compreensão dos processos presentes numa investigação estatística. Os alunos devem desenvolver uma idéia clara da natureza e dos processos envolvidos numa investigação nesta disciplina – como por exemplo, a formulação do problema e da pergunta subjacente ao estudo; o planejamento, a recolha, organização, exploração e análise dos dados; e, por fim, a interpretação e discussão dos mesmos em função das perguntas feitas inicialmente.

O domínio de certos procedimentos estatísticos – nomeadamente a organização de dados e o cálculo de certos índices, como é o caso das medidas de tendência central e de dispersão e, por fim, como os apresentar de forma a poderem ser comunicados – compõe o terceiro objetivo. O recurso às novas tecnologias e a progressiva competência dos alunos acerca das mesmas são ainda aspectos considerados como cruciais.

O quarto objetivo refere-se às ligações que se podem fazer com a Matemática e à identificação das idéias matemáticas presentes nos procedimentos estatísticos, por exemplo: explicar por que o valor da média pode ser afetado pela presença de valores extremos de um conjunto de dados, ou o que acontece à média ou à mediana quando os valores sofrem alterações.

A noção de probabilidade e de incerteza compõem o quinto objetivo. Para Gal e Garfield (1999), é extremamente importante desenvolver com os alunos atividades em que essas duas noções possam ser simuladas e depois discutidas, para que os alunos consigam construir idéias claras acerca de muitos dos fenômenos imprevisíveis que ocorrem em diversas situações do dia-a-dia, sobre os quais podemos formar intuições incorretas e, conseqüentemente, retirar conclusões erradas ou tomar decisões menos adequadas.

No objetivo seguinte, enfatiza-se a importância de desenvolver capacidades de comunicar estatisticamente. Escrever e falar são habilidades essenciais para que os alunos consigam ter atitudes críticas e reflexivas acerca de conteúdos estatísticos presentes nos mais variados meios de comunicação. Para isso, deve-se incentivar a utilização da terminologia estatística de uma forma crítica, com base na construção de argumentos e da análise exploratória de dados. Só assim é possível chegar ao último objetivo – o desenvolvimento de atitudes estatísticas positivas, conseguidas quando se trabalha com os alunos seguindo uma metodologia de investigação:

> Investigar corresponde a realizar descobertas, recorrendo a processos metodologicamente válidos [...] [as investigações] partilham muitas das características dos problemas, das tarefas de modelação e dos projetos. Todos se referem a processos matemáticos complexos e requerem a criatividade do aluno. De um modo geral, as investigações partem de enunciados pouco precisos e estruturados e exigem que sejam os próprios alunos a definir os objetivos, a conduzir experiências, a formular e testar conjecturas [...] [as investigações] têm um caráter necessariamente problemático, mas permitem a formulação de diversos tipos de questões, estimulando a realização de explorações em direções, por vezes, muito diversas [...] o seu interesse reside, sobretudo, nas idéias matemáticas [ou estatísticas] e nas suas relações, cabendo ao aluno um papel essencial na definição das questões a investigar. (ABRANTES et al., 1999, p. 5)

Neste tipo de atividade, os alunos estão envolvidos, desde os primeiros momentos da investigação, na discussão das questões a levantar, na construção dos instrumentos a utilizar, na escolha da amostra e na coleta de dados, passando pela maneira mais adequada de tratar esses dados e apresentá-los para efetuar sua análise e elaborar as conseqüentes conclusões (NCTM, 1991).

A Educação Estatística no currículo de Matemática

A Matemática Moderna, surgida durante os anos de 1960 – uma época de grande expansão da escolaridade obrigatória e, conseqüentemente, da Matemática para todos —, enfatizou a axiomatização, as estruturas algébricas, a lógica e os conjuntos. As reações que se fizeram sentir tiveram várias conseqüências no seu ensino (ABRANTES, 1994), levando ao aparecimento de vários documentos programáticos, sendo um dos mais influentes e críticos o *Curriculum and Evaluation Standards for School Mathematics* (NCTM, 1991), em que se afirma que, na maioria dos casos, as práticas dominantes no ensino da Matemática, produto da era industrial, estão defasadas das atuais necessidades coletivas e industriais da atual sociedade da era da informação (ABRANTES, 1994).

Vejamos, então, quais são as atuais recomendações para o ensino e a aprendizagem da Estatística para a escola básica, recorrendo para isso a dois documentos internacionais que têm uma forte influência na Educação Matemática da generalidade dos países: *Principles and standards for school mathematics: working draft* (National Council of Teachers of Mathematics, 1998) e o *Curriculum and evaluation standards for school mathematics* (NCTM, 1989, traduzido em 1991 pela Associação de Professores de Matemática). Analisamos, também, um documento português, *A Matemática na educação básica* (ABRANTES, SERRAZINA E OLIVEIRA, 1999), e um brasileiro: os *Parâmetros Curriculares Nacionais* (MEC, 1998).

Para o ensino da Estatística, nos anos de escolaridade correspondentes a alunos entre 5-6 anos e 7-8 anos, podemos ler no documento do National Council of Teachers of Mathematics (1991) que se devem contemplar experiências em que os alunos possam realizar análises de dados e de probabilidades. A Estatística e as Probabilidades aparecem associadas, iniciando os alunos numa aprendizagem com tabelas, gráficos, medidas de posição, mas também em noções de aleatoriedade e acaso. A **Estocástica** é incentivada ao considerar-se que o ensino da Estatística está vinculado ao da Probabilidade. Em um momento em que a informação faz cada vez mais parte do dia-a-dia da maioria das crianças e grandes quantidades de dados compõem a realidade quotidiana das sociedades ocidentais, importa que as crianças, desde logo, consigam coligir, organizar, descrever dados de forma, a saberem interpretá-los e, com base neles, tomarem decisões. A forma mais adequada para concretizar essa tarefa é, de acordo com o referido documento, por meio de um espírito de investigação e exploração. No documento de 1998, a National Council of Teachers of Mathematics mantém a proposta de que os alunos destas idades continuem a aprender Estatística por um processo investigativo, ou seja, com base na colocação de questões, coleta, organização e representação dos dados, sem esquecer a interpretação do seu significado. A noção de probabilidade aparece na seqüência de idéias como as de certo, impossível ou mais freqüente.

Para o ciclo seguinte, que compreende os alunos até aos 11-12 anos, os dois documentos do National Council of Teachers of Mathematics acentuam as recomendações para os anos anteriores. Todo o processo investigativo (recolha, organização e representação de dados e, depois, a sua análise, interpretação e conclusões) é recomendado como forma de fazer estatística. Noções como amplitude, mediana, moda e média surgem na seqüência do estudo de dois ou mais conjuntos de dados. A distinção entre noções de amostra e população também é recomendada para ser discutida na seqüência do trabalho investigativo. Ao longo destes anos, espera-se que os alunos ampliem os seus conhecimentos das noções de acaso e de probabilidade, realizando para isso atividades associadas à probabilidade com um grau de ocorrência de valor entre zero e um.

Para o nível de ensino que envolve alunos com idades entre os 11-12 anos e os 14-15 anos, o equivalente ao 3º ciclo do sistema educativo português, o National Council of Teachers of Mathematics (1991, 1998) aponta como grande meta o aprofundar das idéias básicas dos anos anteriores. No primeiro ciclo, espera-se que os alunos comecem a explorar as idéias básicas da Estatística por intermédio da recolha e análise exploratória de dados – com base em objetos concretos –, de forma a conseguir questionar, conjecturar e procurar relações presentes quando se busca resolver problemas do mundo real. Paralelamente, é necessário que os alunos também se confrontem com a questão das várias formas de comunicar os dados recolhidos. A exploração da noção de probabilidade é outra das sugestões feitas para os alunos deste nível de escolaridade; a discussão em torno dos "acontecimentos certos, possíveis, impossíveis, mais prováveis, menos prováveis, equiprováveis e a concepção vulgar de sorte" (NCTM, 1991, p. 68) favorece o desenvolvimento de muitos aspectos ligados a esta noção e à recolha e análise de dados numa atmosfera de resolução de problemas.

Durante o 3º ciclo, continua-se a sugerir a análise exploratória de dados, a forma de apresentar esses dados (tabelas, diagramas e gráficos) e como fazer inferências. Paralelamente, a análise exploratória de dados é ainda considerada como uma das formas possíveis não apenas de desenvolver nos alunos a capacidade de argumentação mas também de fomentar o espírito crítico. Além disso, procura promover atitudes positivas em relação aos métodos estatísticos como um meio poderoso para a tomada de decisões. Se, nos anos anteriores, os interesses dos alunos residiam mais em situações concretas, agora são as tendências da música, do cinema, da moda e dos desportos que permitem envolver os alunos em atividades de Estatística (NCTM, 1991). Relativamente à probabilidade, esses documentos consideram que os alunos devem compreender algumas noções probabilísticas, como acontecimentos dependentes e independentes, mutuamente exclusivos e eqüiprováveis. Durante estes anos de escolaridade, procura-se continuar a aprofundar as potencialidades presentes na Análise Exploratória de Dados (BATANERO, 1998b), com todas as vantagens trazidas pelas novas tecnologias, como é o caso dos computadores e das calculadoras, do *software* educativo no âmbito da Estatística (GODINO, 1996; SHAUGNESSY, GARFIELD E GREER, 1996), ou da internet (BATANERO, 1998a).

Contudo, como chamam a atenção Shaugnessy, Garfield e Greer (1996), apesar dos avanços das novas tecnologias, a forma como o tratamento de dados é sugerido na maioria dos currículos e, mais precisamente, no trabalho com os alunos ainda está longe do que seria desejável, atendendo aos apoios tecnológicos já existentes.

Alguns anos antes, esta idéia estava já presente numa reflexão de um autor extremamente significativo para a Educação Matemática, Bento de Jesus Caraça. Em 1942, este autor, ao confrontar-se com o abandono das tábuas de logaritmos pela máquina de calcular, em alguns ramos de aplicação, fez a seguinte afirmação, que agora foi revisitada por Abrantes, Serrazina e Oliveira (1999):

> cada época cria e usa os seus instrumentos de cálculo conforme o que a técnica lhe permite [...] o ensino do liceu que é, ou deve ser para todos, deve ser orientado no sentido de proporcionar a todos o manejo do instrumento que a técnica nova permite (p. 39).

Para os autores atrás citados, hoje, todos os alunos devem ter oportunidade de aprender a utilizar as novas tecnologias ao freqüentarem a disciplina de Matemática, nomeadamente a calculadora elementar e, à medida que irão avançando na escolaridade básica, as modernas calculadoras, como o computador. Aliás, Ponte (1998) também afirma que um dos vetores das orientações curriculares no panorama internacional para a disciplina de Matemática passa pelo recurso das novas tecnologias. Concretamente, a unidade curricular de Estatística, durante a escola básica, parece ser um dos momentos privilegiados para fazê-lo, atendendo aos pressupostos em que assenta: organização e comunicação de dados.

Se as orientações da National Council of Teachers of Mathematics salientam a importância com que deve ser tratada a questão da informação na forma de dados, consideram igualmente pertinentes não somente a exploração dos conceitos de tendência central e de dispersão mas também a forma como estes conceitos se relacionam com os dados numéricos e não-numéricos. Por último, a questão da amostragem merece uma referência especial, já que muitos dos abusos cometidos em torno deste domínio do conhecimento são resultados de amostras viciosas. O estudo do que são amostras aleatórias, como uma forma de avaliar a variabilidade de uma característica dentro de uma determinada população, faz ainda parte das orientações presentes nesse importante documento de trabalho.

Num momento em que, em Portugal, se pensam e discutem os currículos de forma a que cada vez mais a Matemática no ensino básico seja uma realidade para todos os alunos, Abrantes, Serrazina e Oliveira (1999), analisando o que podem ser hoje consideradas as competências matemáticas que todos os cidadãos devem desenvolver no seu percurso, ao longo dos três ciclos do ensino básico, e aceitando que ser matematicamente competente não é somente ter conhecimentos e competências relativas à Matemática mas é também desenvolver atitudes positivas acerca desta disciplina e da capacidade de cada um para aprender e utilizar nas mais diversas situações de vida do dia-a-dia, sugerem ser essencial que, nos ciclos da educação básica, todos os alunos desenvolvam as seguintes competências no domínio da Estatística e da Probabilidade:

• predisposição para organizar dados relativos a uma situação ou a um fenômeno e para representá-los de modo adequado, nomeadamente, recorrendo a tabelas e gráficos;

• aptidão para ler e interpretar tabelas e gráficos à luz das situações a que dizem respeito e para comunicar os resultados das interpretações feitas;

• tendência para dar resposta a problemas com base na análise exploratória de dados recolhidos e de experiências planeadas para o efeito;

• aptidão para usar processos organizados de contagem na abordagem de problemas combinatórios simples;

• sensibilidade para distinguir fenômenos aleatórios e fenômenos deterministas e para interpretar situações concretas de acordo com essa distinção;

• desenvolvimento do sentido crítico face ao modo como a informação é apresentada (p. 105).

Em relação ao 2º ciclo, os autores propõem as seguintes competências:

• compreensão das noções de freqüência absoluta e relativa, assim como a aptidão para calcular estas freqüências em situações simples;

• compreensão das noções de moda, média aritmética e mediana, bem como a aptidão para determiná-las e para interpretar o que significam em situações concretas (p. 108).

No caso concreto do 3º ciclo, os autores citados juntam outras competências específicas para este nível de escolaridade:

• compreensão da noção de moda, média aritmética e mediana, bem como a aptidão para determiná-las e para interpretar o que significam em situações concretas;

• sensibilidade para decidir qual das medidas de tendência central é mais adequada para caracterizar uma situação;

• aptidão para comparar distribuições com base nas medidas de tendência central e numa análise informal da dispersão dos dados;

• sentido crítico face à apresentação tendenciosa de informação sob a forma de gráficos enganadores ou afirmações baseadas em amostras não-representativas;

• aptidão para entender e usar de modo adequado a linguagem das probabilidades em casos simples;

• compreensão da noção de probabilidade e a aptidão para calcular a probabilidade de um acontecimento em casos simples (p. 106).

No que se refere ao contexto brasileiro, nos Parâmetros Curriculares Nacionais (PCN), o ensino da Probabilidade e da Estatística aparece inserido no bloco de conteúdos denominado "Tratamento das Informações", o qual é justificado pela demanda social e por sua constante utilização na sociedade atual, em razão da necessidade de o indivíduo compreender as informações veiculadas, tomar decisões e fazer previsões que influenciam sua vida pessoal e em comunidade. Nesse bloco, além das noções de estatística e probabilidade, destacam-se também as noções de combinatória.

Os PCN consideram que tais assuntos possibilitam o desenvolvimento de formas particulares de pensamento e raciocínio, envolvendo fenômenos aleatórios, interpretando amostras, fazendo inferências e comunicando resultados por meio da linguagem estatística.

Ressaltam também que o estudo desses temas desenvolve, nos estudantes, certas atitudes que possibilitam o posicionamento crítico, o fazer previsões e o tomar decisões. Acreditam que tratar essas questões, durante o ensino fundamental, seja necessário para a formação dos alunos.

As propostas para o primeiro ciclo (7-8 anos) são leitura e interpretação de informações contidas em imagens; coleta e organização de informações; criação de registros pessoais para comunicação de informações coletadas; exploração da função do número como código numérico na organização de informações; interpretação e elaboração de listas, tabelas simples, tabelas de dupla entrada e gráficos de barra para comunicar a informação obtida; produção de textos escritos, a partir da interpretação de gráficos e tabelas.

No segundo ciclo (9-10 anos), a proposta avança em seus objetivos, apresentando coleta, organização e descrição de dados; leitura e interpretação de dados apresentados de maneira organizada e construção dessas representações; interpretação de dados apresentados por meio de tabelas e gráficos, para identificação de características previsíveis ou aleatórias de acontecimentos; produção de textos escritos, a partir da interpretação de gráficos e tabelas; construção de gráficos e tabelas com base em informações contidas em textos jornalísticos, científicos ou outros; obtenção e interpretação de média aritmética; exploração da idéia de probabilidade em situações-problema simples, identificando sucessos possíveis, sucessos certos e as situações de "sorte"; utilização de informações dadas para avaliar probabilidades; identificação das possíveis maneiras de combinar elementos de uma coleção e de contabilizá-las, usando estratégias pessoais.

Para o terceiro e quarto ciclos (11-14 anos), os Parâmetros ampliam ainda mais suas metas e propõem para o 3º ciclo a coleta, a organização e a análise de informações; a construção e interpretação de tabelas e gráficos; a determinação da probabilidade de sucesso de um determinado evento por meio de uma razão. Para o 4º ciclo, sugerem um destaque especial para o tratamento da informação, pelo fato de o aluno ter melhores condições de desenvolver pesquisas de acordo com sua realidade.

Os Parâmetros indicam que a coleta, a organização e descrição de dados são procedimentos utilizados com muita freqüência na resolução de problemas e estimulam as crianças a fazerem perguntas, estabelecerem relações, construirem justificativas e desenvolverem o espírito de investigação. Sugerem que, nos dois primeiros ciclos, desenvolvam-se atividades relacionadas a assuntos de interesse dos estudantes, que se proponha observação de acontecimentos, que se promovam situações para gerar previsões, que se desenvolvam algumas noções de probabilidade.

Para o terceiro e quarto ciclos, sugerem que se estimule o raciocínio estatístico e probabilístico por meio da exploração de situações de aprendizagem que levem o aluno a coletar, organizar e analisar informações, formular argumentos e fazer inferências convincentes, tendo por base a análise de dados organizados em representações matemáticas diversas. Enfatizam, dessa forma, a realização de investigações, a resolução de problemas, a criação de estratégias com argumentos e justificativas.

A Estatística apresenta-se com o objetivo de coletar, organizar, comunicar e interpretar dados, por meio da utilização de tabelas, gráficos e representações, para tornar o estudante capaz de descrever e interpretar sua realidade, usando conhecimentos matemáticos.

A Probabilidade é apresentada com a finalidade de promover a compreensão de grande parte dos acontecimentos do cotidiano, que são de natureza aleatória, possibilitando a identificação de resultados possíveis desses acontecimentos. Destacam-se o acaso e a incerteza, que se manifestam intuitivamente, portanto cabendo à escola propor situações em que as crianças possam realizar experimentos e fazer observações dos eventos.

Os PCN consideram também que o ensino da Probabilidade e da Estatística favorece o aprofundamento, a ampliação e a aplicação de conceitos e procedimentos de vários conteúdos matemáticos.

A comparação entre os documentos aqui revisitados permite verificar que as tendências atuais para o ensino e aprendizagem da Estatística tendem a aproximá-la da Probabilidade, mesmo nos anos mais elementares, fazendo com que cada vez mais se tenha que pensar não só em aprender a compreender os significados dos dados, mas também, em associá-los a noções como provável, improvável e usar a noção de freqüência relativa como uma estimativa de probabilidade.

Considerações sobre implicações educacionais

Para que a Educação Estatística se justifique na educação básica, talvez seja necessário que se considere o papel que ela tem na vida dos estudantes, para que estes desenvolvam atitudes positivas em relação ao estudo da combinatória, da probabilidade e da estatística. É preciso um espaço pedagógico que valorize o processo ao invés do fato, as idéias ao invés das técnicas; que proponha uma grande diversidade de problemas envolvendo outras áreas ou mesmo áreas internas da própria Matemática (LOPES, 1998).

A resolução de problemas é fundamental aos alunos da educação básica, pois é essencial que eles se confrontem com problemas variados do mundo real e que tenham possibilidades de escolherem suas próprias estratégias para solucioná-los. Da mesma forma, é importante que eles problematizem situações diversas e redijam enunciados a serem confrontados por outros.

O processo de socialização desses momentos de solução e elaboração de problemas precisa ser incentivado por nós, professores. Nesse movimento, os alunos terão a possibilidade de confrontar-se com diferentes soluções, aprendendo a ouvir críticas, a valorizar seus próprios trabalhos, bem como os de outros. Nesse contexto, o trabalho com Estatística e Probabilidade pode ser de grande contribuição, tendo em vista sua natureza problematizadora, que viabiliza o enriquecimento do processo reflexivo (LOPES, 1998).

Como indica Lopes (1999), temos que levar em conta que a estocástica não é somente mais um tópico a ser estudado, uma vez que o pensamento probabilístico se desenvolve a partir de uma estratégia de resolução de problemas e análise de dados. O ensino-aprendizagem da Estatística deve partir de uma abordagem conceitual, inserida em situações cotidianas e significativas para os estudantes, das quais emergem os conceitos estatísticos, gerando uma prática pedagógica na qual se proponham aos alunos momentos para observação e construção de sucessos possíveis, a partir da experimentação concreta, pois é necessário desenvolver um trabalho educacional que vise o desenvolvimento da intuição probabilística.

A partir de Gal e Garfield (1999), destaca-se a importância de fornecer aos estudantes oportunidade de trabalhar com dados reais, quer resolvendo problemas interessantes, quer propondo problemas deles próprios, que os levem a seguir os passos da investigação estatística. Deve-se possibilitar aos estudantes a tomada de decisões – sempre justificadas por eles – sobre coleta de dados, tabulação e análise.

O foco em uma prática pedagógica que, ao incluir comunicação oral e escrita como uma parte regular da solução de problemas estatísticos, instrumente o aluno a articular o seu raciocínio é recomendável. Do mesmo modo, deve-se encorajar os estudantes a ir além, fornecendo uma resposta, e a explicar o processo e a forma como o resultado é interpretado.

Os estudantes, durante a educação básica, precisam não somente tornar-se conscientes do seu pensamento e raciocínio, mas também discutir e comparar diferentes soluções para problemas estatísticos e suas respectivas interpretações, deduções e explicações. Devem ainda ter a oportunidade de usar a tecnologia para explorar e lidar com dados, para ser possível dar maior ênfase ao raciocínio do que aos cálculos e construções.

A inclusão de *softwares* na aprendizagem estocástica ajudará os estudantes a desenvolver e a sustentar seu raciocínio estatístico, uma vez que pode permitir, por exemplo, que eles verifiquem o processo de amostra e como este oscila quando variáveis diferentes são mudadas, tal como o tamanho das amostras ou forma da população; pode, ainda, possibilitar que manipulem histogramas para ver como o tamanho relativo e posição de um ponto médio, mediana e moda são afetados (RUBIN AND ROSEBERY,1990).

Outras implicações educacionais referem-se à necessidade de permitir aos estudantes fazer previsões e testá-los para que eles se tornem conscientes e confrontem concepções errôneas e raciocínios equivocados. Esse tipo de desafio tem que ser aplicado cuidadosamente, uma vez que as pesquisas indicam que as pessoas, em geral, são resistentes a mudar e são muito propensas a encontrar caminhos, assimilar informação ou desconfiar de evidências contraditórias, ao invés de reestruturar o seu pensamento para acomodar as contradições (DELMAS, GARFIELD AND CHANCE, 1997).

Para finalizar, vale ressaltar que uma prática pedagógica que focalize a aquisição de conhecimento de maneira crítica e analítica deve partir do conhecimento anterior do estudante e/ou do conhecimento do mundo real, para que os alunos sejam capazes de construir relações apropriadas com esses conhecimentos, conforme os forem expandindo, e de os aplicar em novas situações, para desenvolver boa compreensão estatística.

Referências

ABRANTES, Paulo. *O trabalho de projecto e a relação dos alunos com a matemática. A experiência do projecto Mat 789*. Lisboa: Associação dos Professores de Matemática, 1994.

ABRANTES, Paulo; SERRAZINA, Lurdes; OLIVEIRA, Isolina. *A Matemática na educação básica*. Lisboa: Ministério da Educação, 1999.

BATANERO, Carmen. Recursos para educación estadística en internet. *Uno*, 15, 1998a, p. 13-25.

BATANERO, Carmen. *Situación actual y perspectivas futuras de la educación estadística*. Comunicação apresentada nas Jornadas Thales de Educación Matemática. Jaén: Espanha, 1998b.

BIEHLER, R. Educational perspectives on exploratory data analysis. In: MORRIS, R. (Ed.). *Studies in mathematics education. The teaching of Statistics*. v. 7, Paris: Unesco, 1989, p. 185-202.

BRASIL, SECRETARIA DE EDUCAÇÃO FUNDAMENTAL. *Parâmetros Curriculares Nacionais*: Matemática (1º e 2º ciclos do ensino fundamental). Brasília: SEF/MEC, 1997.

BRASIL, SECRETARIA DE EDUCAÇÃO FUNDAMENTAL. *Parâmetros Curriculares Nacionais:* Matemática (3º e 4º ciclos do ensino fundamental). Brasília: SEF/MEC, 1998.

BROWN, M. Buts de la formation em mathématiques et besoins de l' élève. In: MORRIS, R. (Eds.). *Études sur l' enseignement des* mathématiques. Paris: les Presse de l' Unesco, 1981, v. 2, p. 25-43.

CARVALHO, Carolina. *Interacção entre pares: contibutos para a promoção do desenvolvimento lógico e do desempenho estatístico, no 7º ano de escolaridade*. Tese de doutoramento. Universidade de Lisboa, 2001.

COBB, Paul. Individual and collective mathematical development: The case of statistical data analysis. *Mathematical Thinking and Learning*, *1*(1), 1999, 2000.

COCKCROFT, W. *Mathematics counts*. London: HMSO, 1982.

CURCIO, F. Comprehension of Mathematical Relationships Expressed in Graphs. *Journal for Research in Mathematical Education*, 1(5), 2000, p. 382-393.

CURCIO, F. *Developing Graph Comprehension: Elementary and Middle School Activities*. Reston: N.C.T.M, 1989.

delMAS, Robert; GARFIELD, Joan; CHANCE, Beth. *Assessing the Effects of a Computer Microword on Statistical Reasoning*. Anais do *The Joint Meetings of the American Statistical Association*. California: ASA, 1997.

FONSECA, Helena; PONTE, João Pedro. A Estatística no ensino básico e secundário. In: LOUREIRO, C., OLIVEIRA, F.; BRUNHEIRA, L. (Eds.), *Ensino e aprendizagem da estatística*. Lisboa: Sociedade Portuguesa de Estatística, Associação de Professores de Matemática, Departamento de Educação e de Estatística e Investigação Operacional da Faculdade de Ciências da Universidade de Lisboa, 2000.

FRANKENSTEIN, M. Educação Matemática crítica: uma aplicação da epistemologia de Paulo Freire. Tradução: Maria Dolis e Regina Luzia Corio de Buriasco. In: *Journal of Education*. v. 165, n.4, 1986.

GAL, Iddo; GARFIELD, Joan B. Teaching and Assessing Statistical Reasoning. In: STILL, Lee V.; CURCIO, Frances R. *Developing Mathematical Reasoning in Grades K-12*. Reston: NCTM, 1999.

GAL, Iddo; GARFIELD, Joan B. Curricular goals and assessement challenges in statistics and education. In: I. GAL , J. GARFIEL (Eds.). *The Assessment Challenges in Statistical Educational*. Voorburg: International Statistical Institute, 1997, p. 37-51.

GODINO, J., BATANERO, C.; CAÑIZARES, M. *Azar y probabilidad*. Madrid: Editorial Síntesis, 1996.

JACOBSEN, E. Why in the world should we teach statistics? In: MORRIS, R. (Ed.), *Studies in mathematics education*. Paris: UNESCO, 1991, v. 4, p. 7-15.

LOPES, Celi A. E. *O conhecimento profissional dos professores e suas relações com Estatística e Probabilidade na educação infantil*. Tese de Doutorado. Campinas: Universidade Estadual de Campinas, 2003.

LOPES, Celi A. E. *A probabilidade e a estatística no ensino fundamental: uma análise curricular*. Dissertação de Mestrado. Campinas: Universidade Estadual de Campinas, 1998.

LOPES, Celi A. E. A probabilidade e a estatística no currículo de matemática do ensino fundamental brasileiro. *Conferencia International Experièncias e Perspectivas do Ensino da Estatística*. Anais de artigos selecionados, p. 157-174, 1999.

LOPES, Celi A. E. Literacia Estatística e INAF 2002. IN: FONSECA, Maria da Conceição F. R. *Letramento no Brasil: Habilidades Matemáticas*. São Paulo: Global, 2004.

MINISTÉRIO DA EDUCAÇÃO. *Organização curricular e programas (2º ciclo do ensino básico)*. Lisboa: Imprensa Nacional Casa da Moeda, 1991a.

MINISTÉRIO DA EDUCAÇÃO. *Organização curricular e programas (3º ciclo do ensino básico)*. Lisboa: Imprensa Nacional Casa da Moeda, 1991b.

MINISTÉRIO DA EDUCAÇÃO. *Matemática: programas*. Lisboa: Ministério da Educação, Departamento do Ensino Secundário, 1997.

NATIONAL COUNCIL OF TEACHERS OF MATHEMATICS. *Normas para o currículo e a avaliação em matemática escolar*. Lisboa: Associação de Professores de Matemática e Instituto de Inovação Educacional, 1991.

PONTE, João Pedro. Como diversificar programas de matemática?. In: Fernandes, D. ; MENDES, M. R. (Eds.). *Conferência internacional projectar o futuro: políticas, currículos práticas*.Lisboa: Ministério da Educação –Departamento do Ensino Secundário, 1998. p. 101-116.

POZO, Juan. I. *A solução de problemas – aprender a resolver, resolver para aprender*. Porto Alegre: Artmed, 1998.

RADE, L. La Statistique. In: MORRIS, R. (Ed.), *Études sur l'enseignement des mathématiques*. Paris: Unesco, v. 4, 1986, p. 123-134.

ROITER, Katrina e PETROCZ, Peter. Introductory Statistics Courses – A New Way of Thinking. J*ournal of Statistics Education*, v. 4, n. 2, 1996.

RUBIN, Anne. e ROSEBERY, Ann. Teachers' Misunderstanding in Statistical Reasoning: Evidence from a Field Test of Innovative Materials. In: HAWKINS, Anne. *Training Teachers to Teach Statistics*. Netherlands: International Statistical Institute, 1990, p. 72-79.

SCHEAFFER, Richard L. Statistics for a New Century. In: BURKE, Maurice J.; CURCIO, Frances R.(Ed.). *Learning Mathematics for a New Century*. Reston/Virginia: NCTM, 2000, p. 158-173.

SCHEAFFER, R. Why Data Analysis?. *Mathematics Teacher*, 83(2), 1990, p. 90 -93.

SHAUGHNESSY, J. Michael. Research in probability and statistics: reflections and directions. In: GROUWS, D. A. (Ed.). *Handbook of Research on Mathematics Teaching and Learning*. USA: NCTM, 1992, p.72-79.

SHAUGHNESSY, J. Michael.; GARFIELD, Joan B.; GREER, B. Data handling. In: BISHOP, A. *et al.* (Eds.), *International Handbook of Mathematics Education*. Dordrecht: Kluwer Academic, 1996, p. 205-237.

SKOVSMOSE, Ole. Mathematical education and democracy. *Educational Studies in Mathematics*, n. 21, 1990.

TUKEY, J. *Exploratory Data Analysis*. Rading, MA: Addison-Wesley, 1977.

Linguagem matemática, meios de comunicação e Educação Matemática

Roseli de Alvarenga Corrêa

Algumas considerações sobre a imagem social da Matemática

Nada mais adequado e pertinente, para este momento de realização do XIV COLE e do I Seminário de Educação Matemática, que uma mesa-redonda com o tema: Linguagem Matemática e Sociedade. Vejo que já passou o tempo de pensarmos a Matemática como um conhecimento restrito aos bancos escolares e comunicado, através de sua linguagem específica, apenas no recinto de uma sala de aula, reforçando a clássica dicotomia "Matemática Escolar" e "Matemática do dia-a-dia", ainda resistente e persistindo em manter-se nos currículos escolares.

Embora seja quase uma unanimidade o reconhecimento das aplicações da Matemática nas ciências e na vida social, o que, em sua maioria, nos é revelado diariamente através dos meios de comunicação oral e escrita, a Matemática é tida socialmente como uma ciência fria, difícil, abstrata e inumana. Paul Ernest (2000) diz que a imagem pública da Matemática, devido ao seu significado social, é um valor para se ter em conta quando falamos de Educação Matemática. A Matemática, diz Ernest, serve como "filtro" crítico para controlar o acesso a muitas áreas de estudos avançados e a trabalhos com mais êxito e mais bem remunerados. Se a imagem da Matemática é, pois, considerada um obstáculo quase intransponível a muitas carreiras e impede a total participação na moderna sociedade democrática, então essa imagem, diz Ernest, é um grande mal social.

Logicamente, essa dicotomia maldosa tem sua razão de ser, apoiada que está em idéias desenvolvidas por uma filosofia absolutista que considera a Matemática como um corpo de conhecimento objetivo, absoluto, certo, imutável, baseado na lógica dedutiva. Algumas das visões filosóficas do século XX mais conhecidas, como o Logicismo, o Formalismo, o Platonismo e outras, consideradas teorias absolutistas, são inspiradoras dos currículos escolares e vêm reforçar a idéia inumana da Matemática e, por conseguinte, a sua imagem social negativa. Ernest admite que o encontro do aprendiz com o conhecimento matemático necessita ser humanizado, e, para tal, torna-se necessário voltar a atenção para a linguagem matemática e desvelar seus aspectos coercitivos (ERNEST, 2000, p. 9-11).

Portanto, neste breve texto, cujo objetivo é provocar reflexões, pretendo fazer abordagens a respeito não apenas da Matemática e de sua linguagem mas também do modo como essa linguagem é socialmente comunicada, tendo como fundo o ensino e a aprendizagem da Matemática.

Linguagem e Linguagem Matemática

Como já dissemos, não se nega o papel fundamental que a Matemática desempenhou e desempenha no avanço científico. Segundo Menezes (1999), ela tem funcionado como uma espécie de metaciência, na medida em que perpassa e estrutura muitas outras ciências. A Matemática tem mesmo sido apelidada, por diversos autores, linguagem universal da ciência, sendo ela mesma detentora de uma linguagem própria, que permite a comunicação entre "os iniciados".

Segundo Vergani (1994, p.82), se aceitarmos que "o conceito universal e objetivo de linguagem é um sistema de comunicação constituído por signos, social e historicamente determinados", então a Matemática será uma linguagem, possuidora de uma escrita simbólica específica. Para a autora, uma das características fundamentais da linguagem matemática é a sua natureza universalizante, isto é, a sua capacidade de conferir um sentido unívoco a cada elemento de representação. A Matemática, enquanto linguagem universal, cria não só os seus próprios signos (ou símbolos) mas também uma gramática que rege "a ordem concebível" no interior de um sistema coerente, em que conhecimento e linguagem possuem o mesmo princípio de funcionamento na representação.

Essa especificidade da linguagem matemática não só a torna constantemente presente nos domínios inter ou multidisciplinares como também a fez constante ao longo da história das ciências. De fato, o desenvolvimento das ciências levou a uma apreciação das chamadas "línguas históricas", relativamente à sua capacidade de veicularem (ou não) corretamente a comunicação científica. Bacon, por exemplo, considerava os aspectos orais da linguagem humana inadequados para esse fim. Assim, realçou a excelência dos símbolos e da linguagem matemática enquanto meios de superação universal das diferenças idiomáticas, inclusive na escrita musical, pois as pautas de música foram concebidas de acordo com as ordens de grandeza utilizadas no nosso sistema numérico de unidades posicionais, tendo como modelo a configuração do ábaco (VERGANI, 1993, p. 82).

Assim como Vergani, Menezes (1999) considera que, sendo a Matemática uma área do saber de enorme riqueza, é natural que seja pródiga em inúmeras facetas; uma delas é, precisamente, ser possuidora de uma linguagem própria que, em alguns casos e em certos momentos históricos, se confundiu com a própria Matemática. Na realidade, estamos diante de um meio de comunicação – dotado de um código e de uma gramática próprios – utilizado por uma certa comunidade.

Essa linguagem tem registros orais e escritos e, como qualquer linguagem, apresenta diversos níveis de elaboração, consoante a competência dos interlocutores: a linguagem matemática utilizada pelos "matemáticos profissionais", por traduzir idéias de alto nível, é mais exigente do que a linguagem utilizada para traduzir idéias numa aula. Da mesma forma, a linguagem natural assume registros de complexidade diferente, dependendo da competência dos falantes. Há, porém, diferenças marcantes entre a linguagem natural e a linguagem da Matemática; uma delas é que esta não se aprende em casa, desde pequeno, mas, sim, na escola.

Alguns autores defendem que a linguagem matemática assume componentes como linguagem escrita, linguagem oral e linguagem pictórica (USISKIN, 1996, *Apud* MENEZES, 1999). Falantes dotados da capacidade de comunicar oralmente a linguagem da Matemática dispõem de um registro oral, e, assim, pode-se falar de uma linguagem matemática oral. Embora com diferenças, a linguagem escrita da Matemática tem um caráter mais universalizante do que a linguagem oral, mas ambas necessitam do complemento de uma linguagem natural. Usiskin (1996, *Apud* MENEZES, 1999) sustenta que a Matemática possui também uma forma de expressão pictórica, através, por exemplo, de gráficos, diagramas, barras de Cuisenaire ou desenhos.

Quando falamos em linguagem escrita da Matemática, de um modo geral, pensa-se na linguagem dos livros e textos didáticos que tradicionalmente se colocam como os meios de comunicação dessa linguagem com caráter universal, mais sistemático e formal, tão bem conhecida pelos educadores matemáticos. Mas, além dos próprios textos didáticos, a linguagem matemática apresenta-se, na sociedade, (também) através de outros meios de comunicação, tanto oral, como já mencionamos, como escrita.

Vergani (1993) diz que a linguagem tem, como ponto de partida e de chegada, a comunicação, e que, sendo assim, pode-se afirmar que a linguagem possui uma raiz eminentemente social e comunicativa. É justamente essa raiz, diz a autora, que confere à Matemática a sua capacidade de traduzir o raciocínio, de realizar trabalhos em grupo, de conhecer e intervir em situações socioculturalmente abertas. A linguagem matemática não é só um fator do desenvolvimento intelectual do aluno mas também um instrumento fundamental na sua formação social (p. 85).

Mas como a linguagem matemática se apresenta na sociedade através dos meios de comunicação, como é utilizada pela "mídia" escrita, e por que é importante que o educador matemático reflita e investigue tais questões?

Os meios de comunicação e a educação

Em se tratando dos meios de comunicação, sabe-se que há uma exposição permanente a alguns deles, presentes em quase todas as situações dos cidadãos. A generalização dos meios de comunicação, como o rádio, a TV, a imprensa, faz parte da realidade doméstica. Essa "familiaridade" permite que as mensagens por eles emitidas sem uma reflexão prévia possam ser entendidas como parte da nossa realidade cultural, e seus conteúdos podem ser interpretados como delimitadores do âmbito informativo social e pessoal (SÁNCHES, 1999, p. 66).

Educar para a cidadania, provendo os indivíduos de instrumentos para a plena realização de uma participação motivada e competente, segundo o conceito de Machado (1997), significa também que a incorporação de um determinado meio pelo educando deve ser feita em função de uma elaboração maior e mais ampla, que lhe confira sentido e significado, de tal modo que o educando venha a fazer uma leitura completa e pessoal dos conteúdos da "mídia", utilizando os instrumentais de análise de que dispõe.

A educação escolar pode ser uma alternativa para superar o domínio cultural e, por conseguinte, ideológico que os meios de comunicação exercem nos grupos sociais: a depender da totalidade de ferramentas de análise de que dispõe o receptor, a influência será em maior ou menor grau.

Cabe ao educador refletir profundamente sobre os meios de comunicação, entre os quais o jornal impresso, como formadores de opinião entre os cidadãos que, direta ou indiretamente, deles se utilizam, considerando: que os meios geram a sua própria cultura, diferente da tradicional; que a cultura dos meios, como as demais, comporta valores, condutas e códigos próprios; que os meios procuram impor seus próprios critérios; que, devido à novidade da cultura dos meios, à sua força da integração na sociedade e ao emprego de códigos singulares, será necessário formar os cidadãos para essa cultura. (SÁNCHES, 1999, p. 82)

O jornal como recurso didático

Nos dias atuais, elementos da "mídia" escrita e, em particular, o jornal impresso têm sido usados cada vez mais para fins didáticos em disciplinas do currículo escolar. Hoje, não é tão estranho ao aluno o professor de Matemática que usa matérias de jornais em suas aulas. Os próprios livros didáticos já trazem recortes de matérias jornalísticas no desenvolvimento dos assuntos matemáticos. Daí a importância de refletir sobre essas "novas" tecnologias, sobre esses novos elementos empregados como recursos didáticos. É necessário que o educador tome consciência das idéias que cercam esse trabalho e que as analise criticamente.

Com sua longa história a ser contada nas mais diversas civilizações, o jornal impresso é um produto que pressupõe não apenas um consumidor mas também um leitor. E ser leitor, sob a inspiração do pensamento de Paulo Freire, está além da capacidade de decodificar os símbolos da linguagem escrita, mas exige a capacidade de atribuir significados, de processar e interpretar criticamente as informações veiculadas.

Um jornal, segundo Machado (1997), é um veículo de informação, e esta é uma matéria-prima fundamental na escola. O jornal, pela sua agilidade, pela permanente sintonia com a realidade imediata, pelas características da linguagem que utiliza, pode constituir-se em um recurso didático com potencial para estabelecer uma maior interação entre a escola e a comunidade, entre a escola e a sociedade. Além do mais, esse meio de comunicação caracteriza-se pela maneira transdisciplinar como trata suas matérias: de forma abrangente e sem a preocupação de estabelecer fronteiras entre conhecimentos de diversas naturezas, como a escola o faz através das disciplinas.

Segundo Machado, na mesma medida em que a matéria jornalística organiza os fatos de interesse geral, de significado abrangente, ultrapassando temas ou interesses demasiadamente restritos, ela pode contribuir, decisivamente, para a viabilização de um trabalho escolar de natureza interdisciplinar (p. 165-167).

Mas é bom lembrar que o jornal impresso, assim como outros meios, quando colocado para fins didáticos, deve contribuir para a aprendizagem nos educandos.

A linguagem matemática nos textos jornalísticos e o uso didático do jornal

Vejamos alguns exemplos de textos jornalísticos e folhetos que utilizam a linguagem matemática para comunicar socialmente uma informação:

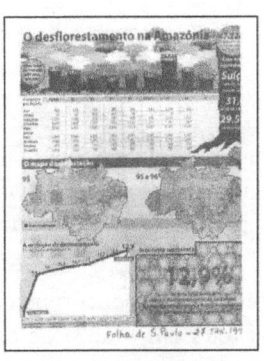

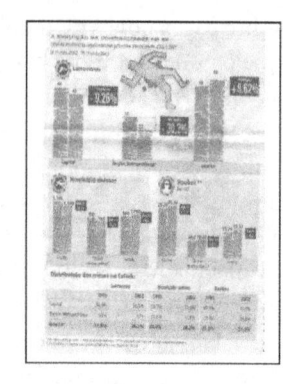

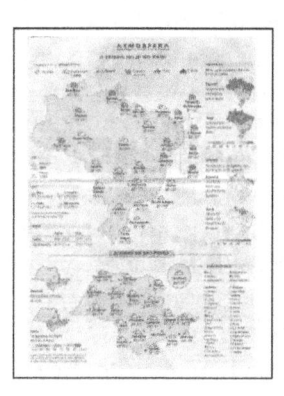

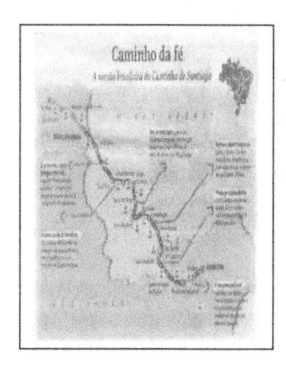

Mas como a escola, os educadores podem fazer do jornal impresso, assim como de outros meios, um recurso didático, de tal forma que esses possam realmente contribuir para a aprendizagem dos educandos e para a sua formação como cidadãos?

Pensamos ser fundamental que a incorporação de um determinado meio como recurso didático seja feita em função de uma elaboração maior e mais ampla, que lhe confira sentido e significado. Como disse Sánches (1999), os meios são um recurso, não um fim em si mesmos. A incorporação de um meio deve ser a resposta para um problema detectado pelo docente.

No caso do texto jornalístico, as matérias devem ser selecionadas levando-se em consideração o interesse dos alunos, a sua opção na escolha dos assuntos, a sua curiosidade em querer saber mais, em pesquisar outros assuntos relacionados etc. Primordialmente, cabe ao aluno fazer uma seleção inicial de matérias jornalísticas, a partir de um tema predefinido, ou não.

Já o professor necessita ter conhecimento dos elementos expressivos dos meios e de suas técnicas de comunicação. Como vimos nos recortes, o jornal nos mostra técnicas de comunicação capazes de prender a atenção, dirigir a observação, o raciocínio etc. Essa didática utilizada pela mídia para comunicar socialmente a sua linguagem, da qual faz parte a linguagem matemática, pode responder a muitas das necessidades dos professores, quando buscam formas alternativas para proporcionar a aprendizagem (SÁNCHES, 1999, p. 84-85).

Ainda segundo Sánches, um dos objetivos da formação a partir dos meios de comunicação é discutir com os educandos os elementos expressivos ali encontrados, a forma como são construídos e suas funções, buscando desmistificar tanto o próprio meio como os seus comunicadores. A utilização, pelo educador, de vários meios e de vários periódicos colocados à disposição do educando contribui para atingir essa meta.

Tendo em vista o seu plano de trabalho e os objetivos a serem atingidos, cabe ao professor fazer adaptações, remontagens, redefinições, conferindo ao texto um novo significado e valor. Tal tarefa exige um amplo trabalho prévio.

Para concluir, e tentando fechar o círculo através do qual se orientou essa comunicação, falar de linguagem matemática e sociedade é falar também dos meios através dos quais essa linguagem é comunicada. Entre os diversos meios, enfocamos, principalmente, o jornal: sem exaltá-lo, sem execrá-lo. Como disse Sánches, os meios de comunicação são o que são, nem bons, nem maus. Buscam a comunicação, aprimorando-se técnica e didaticamente e, por isso mesmo, gerando uma influência cultural, na maioria das vezes, à margem da cultura própria dos cidadãos, com forte caráter de homogeneização, ameaçando a riqueza da diversidade cultural. É preciso formação para conviver com eles.

Referências

CORRÊA, R. A. *A modelagem: o texto e a história inspirando estratégias na educação matemática*. 1992. Dissertação (Mestrado em Educação Matemática) – IGCE, Universidade Estadual Paulista, Rio Claro, 1992.

ERNEST, P. Los Valores y la imagen de las matemáticas: una perspectiva filosófica. Uno *Revista de Didáctica de las matemáticas*, Espanha, n. 23, p. 9-28, enero 2000.

FREIRE, P. *A importância do ato de ler em três artigos que se completam*. São Paulo: Cortez, 1983.

MACHADO, N. J. *Ensaios transversais: cidadania e educação*. Cap. 8: O *Jornal e a Escola*. São Paulo: Escrituras Editoras, 1997.

MENEZES, L. *Matemática, linguagem e comunicação*. Conferência proferida no *ProfMat* 99, Portimão, Portugal. Disponível em: www.ipv.pt/millenium/20_ect3.htm Acesso: julho/03.

SÁNCHES, F. M.. *Os meios de comunicação e a sociedade*. In: Mediatamente! Televisão, cultura e educação / Secretaria de Educação à Distância. Brasília, MEC, SEED, 1999.

VERGANI, T. *Um horizonte de possíveis sobre uma educação matemática viva e globalizante*. Lisboa: Universidade Aberta, 1993.

Linguagem matemática e sociedade: refletindo sobre a ideologia da certeza

Valéria de Carvalho

Matemática significa, para muitas pessoas, "números", "contas", "fórmulas", "problemas", "teoremas", "porcentagens", e está geralmente associada a álgebra, geometria, aritmética e, mais recentemente, a estatística. O seu caráter abstrato assusta a muitos e suas aplicações na Física, Química, Astronomia, Agrimensura, Navegação, Indústria, Informática e Telemática nem sempre são suficientes para "tocar" aqueles que questionam para que temos que aprender matemática.

Vamos discutir neste artigo como alguns conceitos matemáticos, sua linguagem e a mística que envolve essa área de conhecimento, têm servido de subsídios e argumentos na tomada de decisões que compõem a tessitura econômica e política das sociedades.

Conseqüentemente, será nossa intenção questionar e exemplificar alguns aspectos ideológicos[1] da exploração de valores associados à matemática, como racionalidade, objetividade e "neutralidade". Consideramos que o atual currículo oficial de matemática tem colaborado com esses valores e difundido a sua manutenção. Faz-se necessário lançarmos um olhar mais atento para o papel que, em geral, vem sendo desempenhado pela matemática e pela educação matemática. Concordamos com D'Ambrosio (1993, p. 16), que defende a matemática como "um fator de progresso social, como fator de liberação individual e política, como instrumento para a vida e para o trabalho".

---

[1] Segundo Rios (2003, p. 36), "a ideologia caracteriza-se por dissimular a realidade, apresentando como "naturais" elementos que na verdade são determinados pelas relações econômicas de produção, por interesse da classe economicamente dominante. Assim, as diferenças entre sujeitos, as discriminações, são justificadas com base em princípios que, considerados isolados de um contexto histórico específico, aparecem como inegavelmente 'verdadeiros', mas que, analisados à luz de uma visão crítica, encobrem uma realidade a denunciar."

Compartilhando indagações

Inúmeras vezes em nossa vida nos perguntamos: para que mundo, nós, professores, estamos "preparando" nossos alunos, se não lhes oferecemos uma alfabetização matemática suficiente para que decidam, de forma crítica, consciente e inteligente, a melhor maneira de agir e reagir diante da maioria dos acontecimentos cotidianos?[2] Skovsmose, em seu artigo "Competência democrática e conhecimento reflexivo em matemática", deixa-nos algumas questões, no que diz respeito à alfabetização matemática, tais como:

> Que tipo de competências, consideradas importantes para a participação numa democracia (se é que existem), podem ser suportadas pelo desenvolvimento da alfabetização matemática? Qual é a natureza de tais competências numa sociedade altamente tecnológica? Poderá a educação matemática ser útil, ao fornecer os alicerces para a posterior participação das crianças e jovens numa vida democrática como cidadãos críticos? Faz realmente sentido relacionar a discussão sobre o conteúdo da educação matemática com a discussão sobre a natureza da democracia? (1995, p. 142)

A estas questões acrescentaríamos as seguintes: Qual é a natureza de tais competências numa sociedade capitalista, com imensas desigualdades socioculturais? Qual o papel desempenhado por nós, professores, e pelas entidades civis e governamentais? Quais as características da democracia vivida pela maioria dos brasileiros? A que interesses[3] serve a manutenção do atual currículo de matemática, que não possui como tradição abordar noções de estatística, economia, matemática comercial e financeira, nem discutir e refletir questões educacionais, ambientais, sociais, políticas e ideológicas, às quais esses temas, tratados de forma "progressista e não conteudista", naturalmente remetem? Que significados poderiam ser construídos, no que diz respeito às responsabilidades, direitos e deveres, e estariam presentes num exercício pleno da cidadania?

Naturalmente, não temos respostas prontas para muitas dessas questões; temos, sim, inúmeras reflexões e posturas, algumas até mesmo contraditórias, que constroem compreensões e significados, quase sempre inacabados. Nessa busca, libertamo-nos de parte desta angústia com as palavras de Freire: "Gosto de ser gente porque, inacabado, sei que sou um ser condicionado mas, consciente do inacabamento, sei que posso ir além dele" (FREIRE, 1996 p. 59). Nesse sentido e na mesma obra, Freire declara que ensinar exige "criticidade, reconhecer que a educação é ideológica, compreender que a educação é uma forma de intervenção no mundo".

---

[2] Não estou defendendo aqui uma abordagem exclusivamente utilitarista da Matemática, minha intenção é iniciar uma discussão sobre seus valores e alguns usos sociais.

[3] O sujeito deste verbo parece ser "manutenção". Se for, a forma verbal deverá ser singular.

Por outro lado, D'Ambrosio, após indagar-se e refletir, "Por que se ensina matemática com tal intensidade e universalidade?", encontra respostas "numa multiplicidade de razões associadas a uma quina de valores: 1. utilitário; 2. cultural; 3. formativo; 4. sociológico; 5. estético" (1993, p. 19). O autor também destaca que devemos *pensar o currículo como uma estratégia de ação pedagógica*. Acredito que o currículo, além de ser uma estratégia de ação pedagógica nas mãos do professor, é também estratégia de poder (poder não no sentido negativo, de repressão, ou coisa parecida, mas no sentido foucaultiano de expressão de correlação de forças).

Linguagem matemática e sociedade

> A linguagem da educação não é simplesmente teórica ou prática; é também contextual e deve ser comprometida em sua gênese e desenvolvimento como parte de uma rede mais ampla de tradições históricas e contemporâneas, de forma que possamos nos tornar autoconscientes dos princípios e práticas sociais que lhe dão significado.
>
> *Henry Giroux*

Certamente, muito do que acontece na sociedade marcou, marca e marcará nossas ações como professores e como seres humanos. Não somos professores, independentemente do contexto em que vivemos. Mas, como situar o papel que o ensino da Matemática deve assumir em nossa época, na história presente que de algum modo estamos fazendo? Que conexões conseguiríamos fazer entre linguagem matemática e sociedade? Quais implicações as conexões feitas trazem? Que significado atribuir às conexões não feitas? Cortella (2002, p. 130), ao indagar-se sobre o *sentido social* do que nós, educadores, fazemos, argumenta que a resposta a essa questão está "na dependência da *compreensão política* que tivermos da finalidade de nosso trabalho pedagógico, isto é, da *concepção sobre a relação entre Sociedade e Escola* que adotarmos."

As questões que levantamos acima indicam a necessidade de lançarmos um olhar mais atento ao papel social e ideológico que vem sendo desempenhado pela Matemática e pela Educação Matemática, para além dos livros escolares e das situações puramente didáticas. Naturalmente, (nos) indagamos, quais processos de elaboração, síntese e de reelaboração social de conhecimentos estamos privilegiando, e a que grupos e interesses eles pertencem? Que grupos mais se beneficiam? Na sociedade, residem interesses diversos, e as prioridades e os conhecimentos socialmente produzidos são permeados por relações de poder[4]

---

[4] Para Foucault, o poder não é necessariamente repressivo, uma vez que incita, induz, seduz, torna mais fácil ou mais difícil, amplia ou limita, torna mais provável ou menos provável. Além disso, ele é exercido ou praticado em vez de possuído e, assim, circula, passando por toda força a ele relacionada. Poder e saber para ele se relacionam (*Apud* GORE, 1995, p. 11).

e resistência. Segundo Rios (2003, p. 43), "a escola está sempre *posicionada* no âmbito da correlação de forças da sociedade em que se insere e, portanto, está sempre servindo a forças que lutam para perpetuar e/ou transformar a sociedade".

No ambiente escolar, processos de significação, construção, validação e ressignificação do conhecimento são constantemente desenvolvidos; ao mesmo tempo em que se fazem presentes incertezas, inquietações e questionamento. A sociedade tem grandes expectativas sobre o que a escola, em geral, e o ensino da matemática, em particular, devem propiciar à comunidade. A sociedade e a mídia vêm solicitando de entidades governamentais propostas e ações. Essas pressões vêm ganhando visibilidade e repercussão, quer como propostas curriculares oficiais, quer como pauta ou manchete nas diversas mídias, quer em nossos discursos, preocupações e reivindicações como professores ou ainda na retórica dos discursos dos políticos candidatos a cargos eletivos.[5]

No que se refere especificamente ao ensino de matemática, começou-se a perceber a influência crescente que a utilização da matemática na sociedade exerce sobre a vida e a profissão das pessoas. Essa percepção já se faz presente em documentos oficiais como, por exemplo, os parâmetros curriculares de matemática, como segue:

> [...] um currículo de matemática deve procurar contribuir, de um lado, para a valorização da pluralidade sociocultural, impedindo processo de submissão no confronto com outras culturas; de outro, criar condições para que o aluno transcenda um modo de vida restrito a um determinado espaço social e se torne ativo na transformação de seu ambiente.
>
> A compreensão e a tomada de decisões diante de questões políticas e sociais também dependem da leitura e interpretações de informações complexas, muitas vezes contraditórias, que incluem dados estatísticos e índices divulgados pelos meios de comunicação. Ou seja, para exercer a cidadania, é necessário saber calcular, medir, raciocinar, argumentar, tratar informações estatisticamente etc.
>
> Da mesma forma, a sobrevivência numa sociedade que, a cada dia, torna-se mais complexa, exigindo novos padrões de produtividade, depende cada vez mais de conhecimento. (2000 p. 30)

Abuso da citação, porque ela retrata parte significativa de nossos argumentos, dentro especificamente da Educação Matemática. Destacamos que os meios de comunicação podem ter importância singular na Educação Matemática dos sujeitos da escola. Por um lado, lançam, no nosso cotidiano, imagens, mensagens

---

[5] Estes se apóiam em assessores e em interpretação de dados matemáticos, para valorizar suas argumentações e, com muita freqüência, para desvalorizar as argumentações e "obras" dos adversários.

e informações,[6] com uma velocidade cada vez maior, oferecendo "noções" do que é certo, do que é bom, do que é necessário, aproximando e alterando a noção de distância entre as pessoas. Por outro lado, o seu trabalho (das diversas mídias) pode informar-nos sobre resultados de pesquisas estatísticas[7] das mais diversas áreas, índices sociais, políticos e econômicos, possibilitando-nos acesso a uma diversidade de saberes, a partir dos quais podemos questionar, debater, levantar hipóteses, construir outras relações, (re)significar e viabilizar conexões entre linguagem matemática e sociedade.

Vale ressaltar que, tanto os índices sociais e econômicos, quanto os resultados de pesquisas estatísticas – que são números, construídos com base em uma determinada metodologia, interpretados e divulgados, seguindo diversos interesses, geralmente não devidamente explicitados – interferem diretamente em nosso cotidiano (gastos para nossa sobrevivência), bem como em nossas possibilidades de realizações e ações futuras. Como isso acontece? As decisões políticas, econômicas e sociais, tomadas pelos diversos níveis dos poderes públicos (municipal, estadual e federal), assim como a classificação de prioridades, são legitimadas geralmente por argumentos matemáticos. Conseqüentemente, conceitos de Educação Matemática, cidadania, democracia e justiça ou injustiça social e econômica se relacionam por meio de "regimes de verdades" matemáticas. Para Foucault (*apud* GORE 1995, p. 10):

> A verdade está circularmente ligada a sistemas de poder, que a produzem e a apóiam, e a efeitos de poder que ela induz e que a produzem. [...]
>
> Cada sociedade tem seu regime de verdade, sua "política geral" de verdade: isto é, tipos de discurso que aceita e faz funcionar como verdadeiros; os mecanismos e instâncias que permitem distinguir, entre sentenças verdadeiras e falsas, os meios pelos quais cada um deles é sancionado; as técnicas e procedimentos valorizados na aquisição da verdade; o *status* daqueles que estão encarregados de dizer o que conta como verdadeiro.

O problema essencial, no caso da produção de índices, construção dos dados estatísticos ou elaboração de modelos matemáticos que serão aplicados para tentar resolver ou problemas econômicos, é saber se é possível construir um novo regime de verdade.

---

[6] Percebemos, freqüentemente, um forte descuido com a linguagem Matemática presente nas matérias presentes na imprensa escrita, com especial destaque aos jornais: eles não demonstram cuidado ou revisão da representação dos gráficos que ilustram boa parte de suas matérias, que apresentam erros que chamam a atenção até de crianças com algum grau de análise matemática.

[7] Faz parte da estatística, chamada de descritiva, o cálculo de taxas, índices e coeficientes. Esses conceitos, embora puramente estatísticos, são aplicados em Economia, em Pedagogia, em Psicologia, em Medicina.

O problema não é mudar a "consciência" das pessoas ou o que elas têm na cabeça, mas o regime político, econômico, institucional de produção da verdade. Foucault (*apud* GORE, 1995, p. 14-15) argumenta ainda que:

> [...] é justamente no discurso que vêm se articular poder e saber [...] não se deve imaginar um mundo do discurso dividido entre o discurso admitido e o discurso excluído, ou entre o discurso dominante e o dominado; mas ao contrário, como uma multiplicidade de elementos discursivos que podem entrar em estratégias diferentes... Os discursos, como os silêncios, nem são submetidos de uma vez por todas ao poder, nem opostos a ele. É preciso admitir um jogo complexo e instável em que o discurso pode ser, ao mesmo tempo, instrumento e efeito de poder, e também obstáculo, escora, ponto de resistência e ponto de partida de uma estratégia oposta. O discurso veicula e produz poder; reforça-o, mas também o mina, expõe, debilita e permite derrubá-lo[...]

Nós temos um grande desafio na educação matemática, juntamente com profissionais de outras áreas de conhecimento: o de criar estratégias para buscar criar nexos entre o contexto histórico-cultural e os dados estatísticos e/ou os índices socioeconômicos. A utilização e divulgação de informações quantificáveis desvinculadas de seus contextos histórico-culturais "equivalem a conceber a sociedade como estática e os indivíduos como passivos"[8]. O isolamento contextual das séries históricas, na maioria dos casos, não é, em nossa modesta opinião, uma boa forma de retratar um quadro socioeconômico, uma vez que os anseios e necessidades básicas da sociedade não permanecem os mesmos. Esse olhar "neutro" sobre os dados permite obscurecer seu caráter histórico e seus interesses e conseqüências políticas e sociais.

No terreno da Educação Matemática, encontramos no artigo de Borba e Skovsmose (2001, p. 127) uma brilhante argumentação sobre as dimensões políticas da Matemática. Os autores revelam um aspecto da Matemática que a faz "palavra final em muitas discussões". Acreditamos que esse aspecto esteja relacionado a valores socialmente aceitos como associados à Matemática, a saber a objetividade e a racionalidade.[9] Eles argumentam que:

> Resultados matemáticos e dados estatísticos são uma referência constante durante debates na sociedade. Eles fazem parte da estrutura de argumentação. Dessa forma, a matemática é usada para dar suporte ao debate político. Mas não apenas isso. Ela se torna parte da linguagem com a qual sugestões políticas, tecnológicas e administrativas são apresentadas.

---

[8] Expressão emprestada de Tomaz Tadeu da Silva, em *Currículo e identidade social: Territórios contestados*. In: *Alienígenas na sala de aula: Uma introdução aos estudos culturais em educação*, p. 193.

[9] Acreditamos que esses valores são parte da herança de uma visão da Matemática como ciência pura, exata, infalível, inquestionável.

> A matemática torna-se parte da linguagem do poder. [...] O poder de conter o argumento definitivo atribuído à matemática é amparado pelo que denominaremos de "ideologia da certeza".

Para os autores, a ideologia da certeza é uma estrutura geral e fundamental de interpretação que contribui para o controle político de um número crescente de questões e que transforma a Matemática em "linguagem de poder". Destacamos aqui o fato de que existem intenções na coleta de números, quantificação de informações, criação de modelos e índices. Os objetivos fundamentais são a compreensão do objeto de estudo e a geração de bases para apoiar a tomada de decisões.

Uma série histórica geralmente é considerada mais do que uma coleção de números coletados e sintetizados de tempos em tempos. Lembramos que não podem ser verdadeiramente comparáveis dados estatísticos obtidos em épocas ou situações muito diferentes. As séries históricas podem representar uma radiografia que sinaliza a velocidade com que determinadas "coisas" estão acontecendo ou deixando de ocorrer.

Muitos "manipuladores" costumam associar dados matemáticos ou estatísticos com especulação para "criar fatos" e "construir verdades" que pretendem ser incontestáveis, ou para criar frases de efeito que causem impacto. Assim, estamos tentando, com nossos argumentos, salientar a importância de estarmos atentos às nossas posturas como educadores matemáticos, para que as mesmas não fortaleçam ainda mais a ideologia da certeza. Posturas sempre ingênuas e acríticas implicam a contribuição para manter o *status quo*.

Entre os professores de Matemática encontramos profissionais engajados, que buscam, dentro de suas potencialidades, limitações e convicções, o aprimoramento, a atualização, a contextualização e a significação de informações e de conteúdos de cunho matemático. Nessa busca de um melhor desenvolvimento profissional, criam oportunidades para realizarem uma integração de conhecimentos, por meio de uma ampliação de seus saberes prático, curricular e pedagógico. Acreditamos que as condições socioeconômicas às quais são submetidos os professores brasileiros precisam ser transformadas. Urgem mudanças substanciais nas condições de trabalho impostas aos docentes,[10] se quisermos transformar o discurso de escola cidadã, de retórica em projeto a ser construído.

---

[10] A título de exemplo, fica a pergunta: que interesse em qualidade de ensino e inovação têm instituições nas quais cinco minutos de preparação são suficientes para se ministrarem 100 minutos de aula? As escolas particulares do Estado de São Paulo remuneram em apenas 5% a hora atividade do professor. Se o valor da hora-atividade é um problema, na escola particular, nas escolas da rede pública o problema ainda é o valor da hora-aula.

Uma interpretação ideológica

Se a escola continua fazendo uma cisão entre cultura e educação e, dentro da ideologia que a permeia, não ensina a assistir à televisão, nem questiona/discute as manchetes de jornais e as chamadas de telejornais, para que mundo está educando? A quais regimes de verdade está favorecendo? De um modo geral, cultura e escola localizam-se em dois mundos distintos: a primeira, num saber-fazer, e a segunda, num saber-usar restrito, o que inviabiliza o desenvolvimento de novas competências por educadores e educandos. Não caberia à escola a função de auxiliar as novas gerações a interpretar, analisar e questionar os símbolos de sua cultura?

No que se refere à Educação Matemática, em nossa opinião, precisamos iniciar discussões que nos possibilitem a compreensão sócio-histórica de temas como inflação, dívida pública (interna e externa), PIB (Produto Interno Bruto), cesta básica, salário mínimo, desigualdade e dívida social, sistema de tributação e arrecadação pública, sonegação, corrupção, renda *per capita*, custo de vida, entre outros, uma vez que o cidadão não vive isolado dos contextos político, econômico, financeiro, fiscal e social. Desde o fim da ditadura militar brasileira, começamos a encontrar, inseridas nas propostas de ensino, e também nos planos de ensino de Matemática, indicações de que se pretende colaborar para a formação de cidadãos que possam fazer uma integração reflexiva e crítica na sociedade.

Porém, como serão integrados cidadãos que não estão sendo preparados para realizar, de forma crítica, a leitura dos contextos político, econômico, financeiro, fiscal de nosso país? Que tipo de cidadania resulta de uma Educação Matemática que não assume a responsabilidade de problematizar a linguagem e o discurso matemático presentes em textos e nos contextos político, econômico, financeiro, fiscal de reportagens vinculadas nas diversas mídias? É preciso considerar esse dado, ao se pensar o processo de ensino-aprendizagem de Matemática e a formação do cidadão. Essa é uma tarefa que parte da sociedade ainda outorga à escola, mesmo que não seja uma responsabilidade exclusiva desta última.

Trata-se da responsabilidade, tanto individual quanto coletiva, de construir esse caminho de forma solidária, discutindo reflexiva e criticamente o ensino junto com colegas, alunos, amigos, familiares e educadores, na direção do objetivo, primordial para Freire, de "iluminar a realidade no contexto". Nessa perspectiva, vale lembrar a grande lacuna existente entre o conteúdo ensinado e o conteúdo aprendido. De fato, os alunos estão constantemente influenciados e constrangidos pelo chamado "currículo oculto". Skovsmose (*op. cit.* p. 163) coloca esta questão do seguinte modo:

> A educação matemática também tem o seu "currículo oculto". Freqüentemente se diz que a educação matemática cumpre um papel importante em relação ao desenvolvimento epistemológico geral dos estudantes. [...] Ela tem também a função de formar a nova força de trabalho para grande parte do trabalho rotineiro existente na sociedade tecnológica.

> [...] Os alunos aprendem que algumas pessoas são aptas para manipular problemas tecnológicos e outras não. E, conseqüentemente, os estudantes "incapazes" aprendem a tornar-se submissos em relação àqueles que estão mais capacitados a dirigir, isto é, a ocupar postos de direção.

Na verdade, estamos reafirmando que a neutralidade pedagógica não existe. Segundo Apple (1989),

> [...] a educação é, do começo ao fim, um empreendimento político, [...] de modo geral a fé na inerente neutralidade de nossas instituições, no conhecimento ensinado e em nossos métodos e ações, servia de forma ideal para ajudar a legitimar as bases estruturais da desigualdade (p. 29).

Simultaneamente, estamos desenvolvendo reflexões críticas e procurando tomar consciência de que o ato do conhecimento não ocorre por mera transferência, mas, muitas vezes, é construído por meio de sucessos e insucessos com nossos alunos, no dia-a-dia, em sala de aula. Dessa forma, para haver uma apropriação de novas idéias, não basta, simplesmente, discursar aos nossos alunos, para que eles sejam cidadãos conscientes. Nesse sentido, Apple (*op.cit.*) alerta:

> Isto não significa afirmar que algumas crianças, individualmente, não estão muitas vezes sendo ajudadas por nossas práticas e nosso discurso: nem significa afirmar que todas as ações do nosso dia-a-dia estão na direção errada. Isto significa dizer que macroeconomicamente o nosso trabalho serve a funções que pouco têm a ver com as nossas melhores intenções. (p. 29)

De fato, esse é um processo histórico que nós, professores, podemos facilitar, se construirmos com nossos pares o conhecimento das relações matemáticas, presentes na sociedade. A construção desse conhecimento, se possível, deve calcar-se na compreensão das desigualdades históricas, sociais, políticas, educacionais e econômicas existentes. Entendemos que as relações e informações cotidianas são permeadas pelas ideologias que favorecem as desigualdades. Por outro lado, devemos incentivar nossos alunos e procurar mobilizar-nos, para contribuirmos da melhor forma possível nesse processo cíclico e contínuo do conhecer, por meio de práticas efetivas. A cidadania vai além de fazer valer os direitos e deveres estabelecidos legalmente.[11] Devemos questionar o que são direitos e o que são privilégios, o que precisa ser valorizado e o que deve ser transformado, com especial atenção às diversas formas de injustiça que geram desigualdades.

Os que prezam a cidadania valorizam seus educadores[12] e priorizam condições para o desenvolvimento e a execução de projetos pedagógicos que

---

[11] Se cidadania fosse só o cuidar de direitos e deveres, sem questioná-los, sem buscar transformação a escravidão, seria ato legalmente aceito até os dias de hoje.

[12] Esta valorização também tem que ser financeira e social, e não apenas a retórica de um discurso politicamente correto.

acompanhem e discutam criticamente, tanto os processos de "inovações" subjacentes ao processo histórico da sociedade, quanto os diversos usos da linguagem matemática, para atribuir confiabilidade às argumentações para tomada de decisões nos diversos setores da sociedade. O mito da objetividade dos dados matemáticos e, conseqüentemente, dos "caminhos únicos" que são discursados como decorrência "quase que direta" dos dados matemáticos e suas conseqüências, carece de maiores estudos e pesquisa. Nesse sentido, ressaltamos o fato de que um argumento matemático não é superior a outros argumentos e a Matemática nos oferece uma forma de olhar a realidade – não necessariamente a melhor, ou a mais correta, ou a mais neutra, ou a mais importante.

Os mitos da objetividade e da neutralidade da Matemática

Acreditamos que a Educação Matemática pode contribuir tanto para a transformação social quanto para a manutenção da desigualdade e submissão social. Com este artigo, pretendemos fazer circular reflexões sobre a não-neutralidade da Matemática e de como essa concepção tem sido útil como ferramenta para justificar boa parte dos discursos sobre as possíveis causas da histórica desigualdade socioeconômica de nosso país. Isso significa que nossas posturas, como educadores matemáticos, podem servir como instrumento de saber-poder.

Devemos estar atentos e nos contrapor à ideologia da certeza – difundida por toda a sociedade – que se sustenta, em parte, com afirmações que se apóiam em "verdades" provenientes da linguagem matemática. Devemos, como professores, estar atentos aos superpoderes atribuídos às sentenças matemáticas, questionando-as e, quando possível, desmistificando-as. É comum encontrarmos afirmações como "os números mostram..." ou "os cálculos indicam a inviabilidade...", nos noticiários ou em relatórios e pareceres governamentais.

Borba & Skovsmose (2001, p. 132) fazem-nos o alerta:

> Nas escolas, a fantasia sobre os super poderes da aplicação da matemática pode tornar-se mais forte, já que a maioria dos problemas com os quais os alunos lidam lá são criados de maneira a ter a matemática sutilmente encaixada.
>
> Quando aplicações da matemática encaixam-se no paradigma verdadeiro-falso, isso pode reforçar a crença de que aplicar matemática é a melhor maneira para proceder.

O discurso construído criticamente, relacionando linguagem matemática e sociedade, é ao mesmo tempo efeito e instrumento de saber-poder, revelando a outra faceta do poder: a resistência que possibilita a construção de novos discursos.

Insistimos que os argumentos matemáticos não são superiores a outros argumentos. Além disso, cabe salientar que os modelos matemáticos permitem "projetar" uma parte da realidade, sendo sempre aproximações nas quais algumas variáveis ou fatores são escolhidos para serem incluídos e outros excluídos. A título de exemplo, basta observar os diversos índices construídos para medir a inflação e corrigir preços no Brasil. Retomaremos esse tema um pouco mais adiante.

Borba e Skovsmose (*op. cit.* p. 134), ao discorrerem sobre o poder formatador da matemática e da tecnologia, perguntam: "O que é feito por meio dessa modelagem?", "Que ações sociais e tecnológicas são realizadas?", "Quais as implicações sociais políticas e ambientais dessas ações?". Em sala de aula, na intenção de mobilizar os alunos e valorizar nossa disciplina, é comum "discursarmos" sobre a importância da Matemática para o desenvolvimento da sociedade nas mais diversas áreas, como na Medicina, ajudando, por meio da modelagem, a curar pessoas; na evolução tecnológica, fazendo parte do processo de construção de residências, máquinas e equipamentos; nos *softwares* que tornam esses equipamentos e máquinas mais "inteligentes" e seguros etc. Essa é uma retórica ou estratégia que tem sido favorecida pelo desenvolvimento e democratização da informática e da telemática,[13] e contribui para a crença de que usar matemática é uma boa forma de proceder e fazer algo bem feito.

Por outro lado, esse olhar tão direcionado e generoso ao que é feito com, ou por meio da matemática, oculta seu uso "perverso". A Matemática, associada a outras áreas de conhecimento, contribuiu e continua contribuindo para o desenvolvimento de bombas e armas capazes de matar, com maior precisão, um número cada vez maior de pessoas. A Matemática é ferramenta que permite justificar "com neutralidade" a exclusão econômica, política e social de populações inteiras em toda parte do mundo. A Matemática também é ferramenta essencial para as finanças e para um grande grupo de profissionais[14] da área econômica, isso tanto na esfera da gerência pública quanto na da privada. No livro de entrevistas "Segredos e mentiras da democracia"[15], Chomsky (1997) é questionado sobre seu argumento de que se está tornando cada vez mais difícil mostrar a diferença entre os economistas e os médicos que serviram o regime nazista. Com base em um relatório e análise da Unesco, ele "dispara" que:

> [...] na Rússia, cerca de meio milhão de mortes por ano, a partir de 1898, podem ser atribuídas às conseqüências diretas das reformas; mortes provocadas pelo colapso dos serviços de saúde pública, o aumento de doenças,

---

[13] Telemática é a ciência que trata da manipulação e utilização de informação através do computador e da telecomunicação (cf. MICHAELIS – *Moderno Dicionário da Língua Portuguesa*, versão eletrônica).

[14] Em especial para os que comungam de uma corrente mais (neo)liberal desta área. Suas decisões encontram fortes motivações em modelos matemáticos.

[15] Este é um livro compilado através de entrevistas realizadas por David Barsamian e transmitidas nos Estados Unidos, Canadá, Europa e Austrália, como parte da série Rádio Alternativa de Barsamian, nos anos de 1993 e 1994.

> da desnutrição, etc. Meio milhão de mortos em um ano é uma realização importante de que os reformadores podem se orgulhar.
>
> (...) na África, cerca de meio milhão de crianças morrem a cada ano em conseqüência do serviço da dívida externa. Não em decorrência de todo um conjunto de reformas, mas simplesmente aos juros que seus países precisam pagar sobre a dívida externa. (p. 108)

Nessa entrevista, ele ainda argumenta que deve estar em torno de 11 milhões o número de crianças que morrem todo ano com doenças que poderiam ser tratadas com alguns centavos. Aqui no Brasil, cerca de 30 milhões de pessoas vivem abaixo da linha de miséria. Linha de pobreza e linha de miséria são classificações para famílias com renda *per capita* entre meio e um salário mínimo[16] – hoje em R$260,00 – e abaixo de meio salário mínimo, respectivamente; o que corresponde a aproximadamente R$8,40 por dia para gastar com obrigações trabalhistas (INSS[17]), alimentação, saúde, moradia, transporte etc.

Agregando um pouco de historicidade ao que acabamos de mencionar, observamos que o salário mínimo começou a vigorar no Brasil em 1940, criando-se 14 valores diferentes para as 22 regiões do País. Sua vigência era de 3 anos, passaram-se oito anos, de dezembro de 1943 até uma nova correção aos valores vigentes, acumulando uma queda real de 65%. Segundo o *site* do DIEESE,[18] em 1959, por exemplo, com o valor do salário mínimo era possível comprar 85Kg de carne ou 455 litros de leite; já em 1983, poderia-se comprar apenas 29Kg de carne ou 186 litros de leite. No governo de Getúlio Vargas (1951), criou-se um decreto-lei para reajustá-lo e garantir seu valor de compra. De acordo com a constituição de 1988, o salário mínimo é fixado em Lei e deve ser "capaz de atender a necessidades vitais básicas [do trabalhador] e de sua família, com moradia, alimentação, educação, saúde, lazer, vestuário, higiene, transporte e previdência social, com reajustes periódicos que lhe preservem o poder aquisitivo. Para atender a essas necessidades, ainda segundo o DIEESE, o valor do salário mínimo deveria ser R$1.402,00. Este órgão estima todos os meses o valor do salário mínimo necessário para o sustento de uma família de quatro pessoas – dois adultos e duas crianças. Segundo pesquisa do IBGE, para 85% das famílias brasileiras, inclusive as que ganham acima de um salário mínimo, o salário acaba antes do fim do mês. Esse fato é fortemente influenciado pelo endividamento do País, que acaba nos impondo altíssima carga tributária, próxima de 40% do PIB (Produto Interno Bruto), com baixa contrapartida para a população.

---

[16] Segundo o IBGE (Instituto Brasileiro de Geografia e Estatística), em 2002, dos trabalhadores ocupados, 31,8% ganhavam um salário mínimo ou menos; esse valor representa 21,6 milhões de trabalhadores (www.ibge.gov.br).

[17] Instituto Nacional de Seguridade Social.

[18] Departamento Intersindical de Estudos Estatísticos, Sociais e Econômicos (www.dieese.org.br).

A seguir, apresentaremos mais alguns dados do Brasil, com uma linguagem matemática presente diariamente nas mais diversas mídias: os indicadores econômicos. Eles interferem diretamente em nossos salários e despesas. Isso significa dizer que, toda vez que fazemos nossas contas e planejamos nosso futuro, apesar desse fato estar obscurecido, cada valor que anotamos, seja no computador, calculadora, caderno ou em uma folha de rascunho, existem implicitamente, dentro desses números, outros, que são os números-índices. Os números-índices, segundo Fonseca et al., são medidas estatísticas e, através de seu emprego, "é possível estabelecer comparações entre: variações ocorridas ao longo do tempo; diferenças entre lugares; diferenças entre categorias semelhantes, tais como, produtos, pessoas, organizações, etc." (p.157). Vejamos os resultados de alguns números-índices e sua participação em nossa vida.

A inflação[19] acumulada de junho de 1994 a maio de 2004 foi de 142,8%, segundo o Índice de Preço ao Consumidor (IPC). Vejamos alguns itens que ficaram acima desse índice, conforme tabela abaixo:

item	variação	item	variação
Telefone fixo (conta)	611 %	Assistência médica	276%
Aluguel	544%	Condomínio	260%
Tomate	401%	Correio	252%
Gás de botijão	471%	Gasolina	242%
Ônibus (bilhete)	300%	Pão francês	221%

Fonte: Dez anos de Real. *Folha de São Paulo*, Caderno Dinheiro B7, 27 de junho de 2004.

Se, ao invés de nos referirmos ao IPC, estivéssemos falando de outro índice, esses números não seriam os mesmos. A variação registrada pelo Índice de Preço ao Consumidor Amplo (IPCA) foi de 167,21%, enquanto que a registrada pelo Índice Geral de Preços (IGP-DI) foi de 296,46%, [tudo] no mesmo período.

Se você ainda não percebeu a influência desses números na sua vida, fique atento... Você pode, infelizmente, a curto prazo, vir a fazer parte do grupo de brasileiros cujo salário acaba antes do final do mês e cair, sem perceber, no "buraco negro" dos juros do cheque especial.

Os índices são usados para indexar [corrigir sistematicamente] os preços e afetam silenciosamente nosso orçamento doméstico, inviabilizando planos futuros. Veja a declaração dada pelo economista Carlos Thadeu de Freitas: "A

---

[19] Aumento dos níveis de preços ou carestia resultante desses desequilíbrios (cf. MICHAELIS – *Moderno Dicionário da Língua Portuguesa*, versão eletrônica).

população está substituindo a compra de bens pelo pagamento de tarifas" (*Folha de São Paulo*, Caderno Dinheiro B1, 10/07/04).

Olhando a longo prazo,[20] durante os dez anos de Plano Real, constatou-se que, enquanto o salário mínimo teve um aumento real de 25%, a rentabilidade dos fundos de aplicação financeira DI foi de 399%, as tarifas públicas foram reajustadas em 255%, já o lucro dos dez maiores bancos teve alta de 1.039%. A inflação oficial medida no período de 1994 a 2004 foi de 143%. Os contribuintes pagam 255% a mais de tributos. Os índices e argumentos – usados pelos representantes governamentais, dos diferentes níveis, para corrigir tanto as tarifas públicas quanto os preços, administrados pelo governo,[21] que implicam arrecadação – ficam fora de cogitação quando o tema, no mesmo período, é correção da tabela de imposto de renda ou redução de perdas salariais.

Para finalizar

No início deste artigo, nos comprometemos a discutir como alguns conceitos matemáticos, sua linguagem e a mística que envolve essa área de conhecimento têm servido de subsídios e argumentos na tomada de decisões que compõem a tessitura econômica e política das sociedades. Acreditamos ter apontado que os números também mostram que temos matemática para, partindo de um mesmo lugar, chegar a resultados e conclusões muito diferentes. Voltamos a indagar: as ações apoiadas pela matemática são realmente neutras? O que os números permitem mostrar à sociedade? O que eles permitem esconder ou omitir? As diferenças numéricas apontadas acima ilustram o que já havíamos falado anteriormente neste artigo: o conhecimento não pode ser completamente separado das pessoas que o produzem, ele não é, em si mesmo, neutro, isento de valores e objetivo. Concordamos plenamente com Matos (2003), ao argumentar que:

> O conhecimento não é fixado de modo permanente nas propriedades abstratas dos objetos matemáticos. Adquirir e produzir conhecimento são dois momentos de um mesmo ciclo. Esta idéia envolve a noção de que o conhecimento é um produto emergente da consciência humana e da realidade. (...) Não se pode mais limitar o papel do professor a ensinar matemática. É essencial reconhecer a dimensão social, ética e política no ensino da matemática e assumir que não existe neutralidade nesse ensino.

Aos que se questionam, como eu: o que fazer se nossa formação como professores foi tão "conservadora". Minha resposta é que nos devemos unir a

---

[20] Dados retirados da matéria intitulada "Dez anos de Real". Folha de São Paulo, caderno Dinheiro, 27 de julho de 2004.

[21] Nesta categoria incluem-se: água e esgoto, energia elétrica, tarifas de telefone, transporte público, planos de saúde, etc.

outras pessoas e estudar. O ato de estudar é, realmente, um trabalho difícil que exige postura crítica e sistemática e não se ganha a não ser praticando-a. Sobre a dificuldade de mudar as coisas, Chomsky nos alerta: "Ninguém consegue nada só, além de queixar-se. Se unir a outras pessoas, poderá provocar essas mudanças. Muitas coisas só são possíveis, dependendo do esforço empregado para consegui-las".

Agradecimentos. Sou grata à professora Sandra A. Santos por me motivar e dialogar sobre meus escritos e às professoras Celi A.E. Lopes e Adair M. Nacarato por valorizarem as discussões que faço.

Referências

APPLE, Michael W. *Educação e poder*, Porto Alegre: Artes Médicas, 1989.

BORBA, Marcelo C. e SKOVSMOSE, Ole. Ideologia da certeza em Educação Matemática. In: SKOVSMOSE, Ole. *Educação matemática crítica: a questão da democracia*. Campinas: Papirus, 2001, p. 127-148.(Coleção Perspectivas em Educação Matemática).

CHOMSKY, Noan. *Segredos, mentiras e democracia*. Brasília: Editora Universidade de Brasília, 1997.

CORTELLA, Mario Sergio. *A escola e o conhecimento: fundamentos epistemológicos e políticos*, 6.ed. São Paulo: Cortez, 2002. (Coleção Prospectiva, v. 5).

D´AMBROSIO, Ubiratan. *Etnomatemática: Arte ou técnica de explicar e conhecer*. 2.ed. São Paulo: Ática, 1993. (Série Fundamentos 74).

D´AMBROSIO, Ubiratan. *Educação para uma sociedade em transição*. Campinas: Papirus, 1999. (Coleção Papirus Educação).

FONSECA, Jairo Simon et. al. *Estatística Aplicada*. 2.ed. São Paulo: Atlas, 1985.

FREIRE, Paulo. *Ação cultural para a liberdade*, 8.ed. Rio de Janeiro: Paz e Terra, 1982.

FREIRE, Paulo. *Pedagogia da autonomia: saberes necessários à prática educativa*. São Paulo: Paz e Terra, 1996. (Coleção Leitura).

GIROUX, Henry A. *Os professores como intelectuais: rumo a uma pedagogia crítica da aprendizagem*. Porto Alegre: Artes Médicas, 1997.

GORE, Jennifer M. Foucault e Educação: Fascinantes Desafios. In SILVA, Tomaz Tadeu (Org.). *O sujeito da educação: estudos foucaultianos*. 5.ed. Petrópolis: Vozes, 1994, p.9-20.

SECRETARIA DE EDUCAÇÃO FUNDAMENTAL. *Parâmetros Curriculares Nacionais: matemática*. 2. ed. Rio de Janeiro: DP&A, 2000.

MATOS, João Filipe. A educação matemática como fenômeno emergente: desafios e perspectivas possíveis. In: *XI Conferência Interamericana de Educação Matemática*. CD-ROM, 2003, 12p.s

RIOS, Terezinha Azeredo. *Ética e competência*, 13.ed. São Paulo: Cortez, 2003. v.16. (Coleção: Questões da Nossa Época).

SILVA, Tomaz Tadeu (Org.). *Alienígenas na sala de aula: uma introdução aos estudos culturais em educação*. 3. ed. Petrópolis: Vozes, 2001.

SKOVSMOSE, Ole. Competência Democrática e Conhecimento Reflexivo em Matemática. In: *Matemática e realidade: que papel na educação e no currículo?* MATOS, João Filipe et. al. (Org.). Lisboa: Gráfis – Secção de Educação Matemática, Sociedade Portuguesa de Ciências da Educação, 1995, p.137-166.

SKOVSMOSE, Ole. *Educação matemática crítica: a questão da democracia*. Campinas: Papirus, 2001. (Coleção Perspectivas em Educação Matemática).

Linguagens e comunicação na aula de Matemática

Vinício de Macedo Santos

O tema da comunicação e linguagem é amplo e complexo, mesmo quando nos restringimos ao domínio do ensino e aprendizagem da Matemática. Na aula de Matemática, a comunicação pode ser entendida, com diferentes autores que têm se ocupado dela, como todas as formas de discursos, linguagens utilizadas por professores e alunos para representar, informar, falar, argumentar, negociar significados. Uma atividade não unidirecional, mas entre sujeitos, cabendo ao professor a responsabilidade de encorajar os alunos e neles despertar o interesse e a disposição para uma participação ativa. Menezes (1995), dando um sentido amplo à comunicação na aula de Matemática, considera-a abarcando todas as interações verbais (orais e escritas) que alunos e professores podem estabelecer recorrendo à língua materna e à linguagem matemática.

Ao tratarem das interações entre diferentes sujeitos no ensino e aprendizagem da Matemática, Ponte e Serrazina (2000) discutem a importância da comunicação e da negociação de significados nessas interações. Comunicação entendida como a produção de mensagens por esses sujeitos na sala de aula utilizando linguagem própria (misto de linguagem corrente e linguagem matemática). A negociação de significados referindo-se ao modo como alunos e professores expõem uns aos outros a maneira de ver/entender conceitos e processos matemáticos procurando aproximar-se do que o currículo e a escola reconhecem como válido.

Linguagem pode ser entendida como uma criação social que utiliza símbolos, também criados socialmente. A linguagem matemática é um sistema simbólico de caráter formal, cuja elaboração é indissociável do processo de construção do conhecimento matemático e tem como função principal converter conceitos matemáticos em objetos mais facilmente manipuláveis e calculáveis possibilitando inferências, generalizações e novos cálculos que, de outro modo, seriam impossíveis (GRANELL, 1997). Elementos desse sistema simbólico têm presença constante nas diferentes atividades sociais e nas informações veiculadas nos meios de comunicação e nos discursos corriqueiros dos cidadãos indicando conexões com nossa linguagem corrente. Se, nas palavras dessa mesma autora, a Matemática pode ser tomada como uma maneira particular de observar e interpretar aspectos da realidade, utilizando uma linguagem específica diferente da linguagem corrente, aprender matemática significa aprender a observar a realidade matematicamente, envolver-se com um tipo de pensamento e linguagem matemática, utilizando-se de formas e significados que lhe são próprios.

O meu interesse pelo tema relaciona-se diretamente com o lugar-chave que nós, professores, ocupamos na gestão da aula e ao modo como o fazemos quando lançamos mão dos nossos conhecimentos, problematizamos e tomamos decisões relacionadas com as muitas questões do cotidiano da sala de aula. Dessas questões a comunicação que se pode estabelecer na interação do professor com o aluno e deste com os seus pares é uma das principais. Do mesmo modo, também é questão de interesse a ausência de comunicação na aula de Matemática que se traduz em: silêncios; perguntas sem respostas; respostas sem perguntas; desencontro entre discursos, linguagens e tempos.

Aula de Matemática: um contexto de comunicação

É importante considerar a sala de aula como um local em que se dá o encontro entre professor, aluno e conhecimento matemático, por isso constituindo-se o principal espaço físico e temporal no qual a aprendizagem em Matemática deve ser fomentada (MORAIS, 2000). Nesse encontro, destaca-se o caráter assimétrico da relação entre aluno e professor, visível nas linguagens e códigos, nas concepções, nos tempos e intenções, bem como nos modos distintos de cada um compreender e ver a Matemática. Tal assimetria, fonte de tensão e dificuldades, é também a base a partir da qual a comunicação se estabelece e o ensino e a aprendizagem em Matemática se realiza. Além disso, destacam-se, nesse encontro, as diferentes formas de representar e comunicar idéias matemáticas e o processo de apropriação das mesmas pelos alunos.

A ação e os discursos praticados pelo professor, quando ensina Matemática, decorrem do seu conhecimento e modo de ver a Matemática, de como enxerga e escuta o aluno. Há, portanto, aspectos diretamente relacionados à temática em questão que merecem sua atenção: a necessária relação entre conteúdo e método no processo de ensino e aprendizagem em Matemática; a manifestação de diferentes formas de comunicação e os muitos significados de que se revestem as noções matemáticas na sala de aula; as dificuldades observadas entre alunos do ensino fundamental (decorrentes de conflitos entre linguagem corrente e linguagem matemática, do significado que o aluno intuitivamente atribui a um determinado conceito, da incompreensão de enunciados de problemas matemáticos etc.);

a complementaridade entre dimensões sintáticas e semânticas na abordagem de noções matemáticas; a sintonia entre perguntas e respostas formuladas. No ensino e aprendizagem da Matemática, os aspectos lingüísticos precisam ser considerados inseparáveis dos aspectos conceituais para que a comunicação e, por extensão, a aprendizagem aconteçam.

Ponto de inflexão

Tanto estudos quanto orientações curriculares vêm destacando a importância da comunicação como elemento-chave na aprendizagem da Matemática, na escola básica. Os currículos de Matemática elaborados e praticados ao longo do tempo revelam, de maneira velada ou explícita, expectativas relativas à questão da linguagem e da comunicação no ensino e aprendizagem da Matemática. As orientações pautadas na centralidade da figura do professor como pólo irradiador de conhecimentos e discursos foram cedendo lugar a perspectivas que tratam a questão como parte do processo de construção de significados na aprendizagem da Matemática. Se a articulação entre Matemática e linguagem foi objeto de grande interesse nos anos de 1960, com o Movimento da Matemática Moderna, a atenção à relação entre Matemática e comunicação, no âmbito curricular, deve ser creditada inicialmente ao National Council Teachers of Mathematics (ROMÃO,1998), conforme aparece nas suas normas curriculares, e, na seqüência, aos projetos curriculares pós-Movimento da Matemática Moderna de diferentes países.

Romão (1998) aponta, no seu estudo, que a importância dada à necessidade de mudar a comunicação – tradicionalmente de caráter unívoco, para o estabelecimento de comunidades discursivas – que ocorre nas aulas de Matemática desempenhou papel central no movimento de reforma do ensino de Matemática, observado desde a década de 1980. A partir daí, as novas orientações para o ensino e aprendizagem da Matemática passam a considerar como relevante o desenvolvimento da capacidade de comunicar, justificar, conjeturar, argumentar, partilhar, negociar com os outros as suas próprias idéias.

A discussão sobre resolução de problemas e sua incorporação ao ensino de Matemática na escola básica como potente ferramenta para a aprendizagem representa um marco para as mudanças de orientação. A compreensão de problema apresentada por Polya (1978) rompe com a idéia de aprendizagem em Matemática, baseada em exercícios mecânicos e atividades rotineiras, e apresenta elementos que permitem tomar a prática de resolução de problemas como um processo dinâmico, no qual a comunicação entre alunos e professores tem papel preponderante. Assumem características muito importantes tanto a integração ativa de idéias e experiências (VEIA, 1995), por parte dos alunos, quanto o questionamento do professor (MENEZES, 1995), que vai além do interesse em verificar se o aluno tem uma dada informação ou se aprendeu um determinado procedimento e é capaz de generalizar sua aplicação (GÓMEZ-GRANELL, 1995).

Da perspectiva do professor enquanto sujeito ativo, gestor e regulador do processo de ensino e aprendizagem, a comunicação, mediada por diferentes formas de linguagem, é elemento-chave, como foi reconhecido nas normas profissionais para o ensino de Matemática do NCTM (1994). Segundo essas normas, ao professor compete a tarefa de iniciar e dirigir o discurso desenvolvido na sala de aula (formas de representar, pensar, falar, concordar ou discordar usadas por professores e alunos) para promover a aprendizagem dos alunos. Essa perspectiva se contrapõe a práticas consagradas e predominantes, em que a iniciativa do discurso é do professor que, ao colocar no centro da atividade didática conceitos, linguagem e procedimentos matemáticos, minimiza o papel do aluno nesse processo. Nessas práticas, a ênfase da comunicação tem-se situado na linguagem matemática, na sua sintaxe, tendo como veículo o discurso unilateral do professor e os recursos didáticos subsidiários dessa prática.

A ênfase e o significado do tema da comunicação e linguagem na aula de Matemática resultam de concepções sobre como se dá o processo de construção de conhecimento pelos sujeitos, considerando-se nesse processo: o papel da atividade do indivíduo e da sua interação com o ambiente e com outros sujeitos; o reconhecimento da presença e da forte influência de instrumentos mediadores (materiais ou simbólicos); a compreensão de que o desenvolvimento dos conceitos pressupõe o desenvolvimento de funções intelectuais (atenção, memória lógica, abstração, capacidade de comparação e diferenciação etc.); as transformações e o delineamento do papel da instituição escolar etc. O impacto sobre o ensino resulta na compreensão de que aprender parece ser uma construção sujeita à necessidade de "socializar", o que deve se dar graças a um meio de comunicação (que pode ser a linguagem), como diz D'Amore (2001).

No caso da aula de Matemática, as circunstâncias e o saber em questão impõem um mediador simbólico adicional e inescapável, que adquire muitas formas, dependendo do contexto e do nível escolar. Via de regra, no processo de aprendizagem, configura-se uma variedade – de representações, de registros (orais ou escritos) – peculiar à aula de Matemática, um misto de linguagem corrente e linguagem matemática, o uso alternado ou simultâneo de uma e de outra, que permite indicar as versões/aproximações conceituais feitas pelos estudantes, o que inclui também a manifestação de diferentes tipos de dificuldade. O entendimento desse processo, em toda a sua extensão, pressupõe transcender a dimensão da comunicação, na aula, e lançar mão dos achados de alguns pesquisadores.

Alguns subsídios teóricos

A visibilidade, a sustentação teórica e a compreensão da comunicação e linguagem, no campo da Educação Matemática, ancoram-se em relevantes estudos, como os de

D. Pimm (1987, 1990), Inés Sanz (1990), R. Duval (1993, 1995, 2003), B. D'Amore (2001), C. Gómez-Granell (1997, 1998), G. Vergnaud (1996), J. J. Kaput (1987). Os trabalhos de Menezes (1995), Romão (1998) apóiam-se no substrato desses estudos e tratam de dimensões particulares da comunicação na aula de Matemática, das quais a principal é o modo como o professor gere o processo da aula.

Em diferentes perspectivas, esse grupo de autores oferece subsídios para varrer uma gama variada de questões que incluem: a relação entre a linguagem matemática, a comunicação e a cognição; a noção de representação; os registros semióticos praticados por alunos no processo de aprendizagem; as diferentes formas de comunicação na aula de Matemática; a negociação de significados; o papel da pergunta do professor de Matemática; as dificuldades observadas na aprendizagem etc.

Em síntese, são estudos que permitem ver a questão da comunicação na aula de Matemática em dois sentidos: o primeiro diz respeito às formas de interação e discursos utilizados por alunos e professores; o segundo refere-se às representações simbólicas e algumas práticas discursivas de que se faz uso no processo de aprendizagem, para promover a compreensão e a comunicação de significados matemáticos.

Inés Sanz (1990) considera que as atividades humanas podem ser agrupadas em duas grandes classes: atividades de comunicação, que são o fundamento da vida social porque são criadoras de relações intersubjetivas, e as atividades de ação sobre as coisas, que são aquelas mediante as quais o homem transforma a Natureza. Para essa autora, os processos comunicativos humanos realizam-se basicamente por meio de uma linguagem, e as atividades ou processos de comunicação inter-humana apóiam-se sempre em um sistema de significação, o que equivale a dizer que toda a cultura pode ser analisada como um processo de significação e comunicação. E, tendo em vista que a Semiótica[1], em sentido amplo, estuda os processos de comunicação, pode-se concluir que toda a cultura pode ser analisada de um ponto de vista semiótico.

A Matemática, o seu ensino e aprendizagem, como partes integrantes da cultura humana, não podem escapar dessa lei. Aqui é importante destacar as noções de *função semiótica*, tal como emprega U. Eco (1988), e de *representação*, no sentido dado por J. J. Kaput (1987), para caracterizar os processos comunicativos que ocorrem na aula de Matemática, tendo em vista a quase coincidência entre essas duas idéias, evidenciada por Sanz (1990). Assim, a *função semiótica* ocorre sempre que se põe em correlação uma expressão e um conteúdo, e a *representação*

---

[1] Dois termos importantes e inseparáveis, com um dos seus possíveis significados: *semiótica* (aquisição de uma representação por meio de signos) e *noética* (aquisição conceitual de um objeto). Para Platão, a *noética* é o ato de conceber por meio do pensamento; para Aristóteles, é o próprio ato de compreensão conceitual (D'AMORE, 2001). Para Duval (1993): "não existe *noética* sem *semiótica*".

supõe duas entidades relacionadas, porém funcionalmente separadas: o mundo representante (as expressões) e o mundo representado (o conteúdo), havendo alguma correspondência entre aspectos do primeiro e do segundo. Ainda de acordo com Sanz, se temos em conta que a Matemática pode ser considerada como a ciência das estruturas significantes, do ponto de vista matemático, pode-se dizer também que uma tarefa básica da Matemática é a representação de uma estrutura por meio de outra, e, nesse domínio, tanto o mundo representante como o mundo representado são entidades abstratas.

As várias formas de expressão simbólica construídas socialmente e que o aluno utiliza para exprimir a idéia que vai compondo sobre fração, como indica D´Amore (2001), ou ainda os grupos de caracteres verbais ou gráficos apontados por Sanz (1990) para a compreensão pelo aluno da noção de reta são de extremo interesse na sala de aula, pois constituem vias de aproximação de um conceito matemático, por meio de diferentes formas de representação e da passagem de uma a outra.

> Em geral um conceito a ser construído na aprendizagem aparece diretamente ligado à representação e às suas formas de expressão. O conceito será considerado aprendido quando são dominadas pelo sujeito todas as formas de expressão relevantes do ponto de vista comunicativo. (SANZ, 1990, p. 203)

Na perspectiva do professor, as representações servem como referência para orientar a abordagem e regular a aprendizagem do aluno. Na perspectiva do aluno, são meios que caracterizam a variedade lingüística requerida para dar significado à idéia matemática em questão.[2]

Características da linguagem e noções matemáticas

Foi ressaltado, anteriormente, que a variedade de formas lingüísticas observáveis na aula de Matemática combina linguagem corrente e linguagem matemática, que possuem características bem distintas, mas utilizar a primeira para se chegar à segunda indica a necessidade, por parte do aluno, de apoiar-se em significados referenciais na formação dos conceitos matemáticos para a apropriação de uma linguagem específica. Na aprendizagem em Matemática, verifica-se uma substituição da primeira pela segunda; esse, porém, não é um processo que ocorre sem dificuldades, sobretudo nos anos iniciais da escolarização. Interpõe-se aí um obstáculo cognitivo, conforme afirma Gómez-Granell

---

[2] No domínio da Matemática, o símbolo ∞, acompanhado dos sinais + e –, confere um sentido bem restrito para a idéia de infinitude numérica. Idéias como o infinitamente grande, o infinitamente pequeno, a cardinalidade de conjuntos infinitos etc. são indicadas por meio de outras sentenças e expressões simbólicas.

(1998), fundamentando-se nas idéias de Bruner (1986): o pensamento matemático apóia-se em representações abstratas e muito gerais, eliminando motivações e intenções, diferentemente do pensamento regular das pessoas – em particular, das crianças –, que é de tipo narrativo e está orientado para a compreensão de fenômenos concretos, pessoais e intencionais.

Tal conflito é instaurado em decorrência das características das duas linguagens. Enquanto a linguagem natural apresenta ambigüidades e tem como função principal a comunicação, a linguagem matemática apresenta outras características, que não servem somente à comunicação, como: é precisa e não redundante, rigorosa, formal, teórica, impessoal e atemporal, não se identificando referências a contextos particulares. Uma linguagem formal caracteriza-se por suprimir o caráter semântico e expressar, da maneira mais geral e abstrata possível, o essencial das relações e transformações matemáticas. Isso lhe confere alto grau de generalização, convertendo-a simultaneamente num poderoso instrumento de inferência e criação de novos conhecimentos (GÓMEZ-GRANELL, 1998). Porém, essa mesma autora considera que é possível ver uma duplicidade de significados nos símbolos matemáticos.

> Um estritamente formal que obedece a regras internas do próprio sistema e se caracteriza pela autonomia do real, pois a validade das suas declarações não está determinada pelo exterior (constatação empírica). E o outro significado, que pode ser chamado de "referencial", que permite associar os símbolos matemáticos a situações reais e torná-los úteis para, entre outras coisas, resolver problemas. (GÓMEZ-GRANELL, 1997)

Esse duplo significado, aparentemente paradoxal, tem inspirado orientações didáticas polarizadas indevidamente, ou enfatizando os aspectos lingüísticos e formais, ou contrapondo a isso a excessiva atenção em buscar significados e contextos para símbolos e idéias matemáticas.

É na interface das duas formas de linguagem (a corrente e a matemática) ou dessas diferentes orientações que se manifestam na aula de Matemática que o professor atua para enfrentar conflitos no uso das linguagens, da comunicação e da construção de conceitos matemáticos. Além das ambigüidades nas formas de representação e comunicação, há que se levar em conta as particularidades que dependem da noção matemática envolvida.

O fato de que uma idéia matemática pode admitir diferentes formas de expressão e uma expressão pode representar diferentes idéias e contextos matemáticos implica desafios interessantes a serem enfrentados pelo professor, pois se trata de uma compreensão que nos obriga a sair da cômoda posição de atribuir a cada símbolo ou expressão matemática um significado único e, reciprocamente, a cada idéia uma única forma de representação. Isso significa que um mesmo modelo matemático pode ser trabalhado por meio de estruturas semânticas diferentes, favorecendo ao aluno reconhecer isomorfismos matemáticos por meio da diversidade semântica das diferentes situações e contextos. Porém, há noções, como a de infinito, que são consideradas em diferentes campos do conhecimento e são dotadas de variados significados que extrapolam o âmbito meramente matemático. A idéia de infinito manifesta-se na Matemática, Filosofia, Metafísica, Física, nas Artes e adquire para as pessoas significados como os de *objeto, lugar, ser, sentimento e processo* (SANTOS, 1995). É interessante ver que, no caso do infinito, a oralidade predomina para comunicar e representar a diversidade de significados a ele atribuídos.

Considerações finais

As dificuldades de aprendizagem em Matemática têm muitas motivações, mas grande parte delas decorre da interferência entre diferentes formas de expressão, entre representação simbólica e significado e entre as expectativas de alunos e professores na sala de aula.

O princípio de Dienes de que "o método ideal para aprender Matemática seja usar as várias representações de um mesmo objeto" foi posto em dúvida por Janvier (1987), para quem deve ser dada a máxima importância ao uso de representações que sejam intrinsecamente familiares ao que se aprende (SANZ, p. 218).

Por último, conceder atenção à linguagem matemática não significa necessariamente repetir práticas verbalistas e estéreis do ponto de vista da comunicação e da aprendizagem, lembrando que, do ponto de vista da comunicação, falar continua sendo a ação mais importante. Mas a questão que merece atenção é a da expressão de modo significativo. Isso se realiza por meio de uma expressão gestual, manipulativa, verbal, gráfica ou simbólica específica. Há dificuldades firmadas em cada caso. De qualquer modo, a linguagem falada tem um valor inestimável, confirmando o que diz Skemp (1982), conforme é citado em Sanz: "A conexão entre pensamento e linguagem falada é inicialmente mais forte que entre pensamento e palavras escritas ou símbolos". E, vale lembrar que, na aula de Matemática, se valorizar a linguagem falada de alunos e professores como meio para a construção de significados em matemática pelo aluno, como meio para a conexão entre pensamento matemático e linguagem matemática.

Referências

BOLON, J. Matemáticas y lenguaje. Interferencias en el aprendizaje. In: PLAZA, Mª del Carmen Chamorro (Ed.) *Dificultades del aprendizaje de las matemáticas*. Ministério de Educación, Cultura y Deporte, 2000.

D´AMORE, B. Objetos matemáticos y registros semióticos: que es aprender conceptos matemáticos? In: PLAZA, Mª del Carmen Chamorro (Ed.) *Dificultades del aprendizaje de las matemáticas*. Ministério de Educación, Cultura y Deporte, 2000.

DUVAL, R. *Registres de représentations sémiotique et fonctionnemente cognitif de la pensée.* Strasbourg: IREM, 1993.

DUVAL, R. *Sémiosis et pensée humaine. Registres sémiotique et aprentissages intellectuels.* Berne: Peter Lang, 1995.

DUVAL, R. Registros de representações semióticas e funcionamento cognitivo da compreensão em Matemática. In: MACHADO, Silvia Dias A. (Org.). *Aprendizagem em matemática: registros de representação semiótica.* Campinas: Papirus, 2003.

GÓMEZ-GRANELL, C. Linguagem matemática: símbolo e significado. In: TEBEROSKY, A. e TOLCHINSKI, Liliana (Orgs.) *Além da alfabetização.* Trad. Stela Oliveira. São Paulo: Ática, 1997.

GÓMEZ-GRANELL, C. Rumo a uma epstemologiado conhecimento escolar: o caso da educação matemática. In: RODRIGO, Naria J. e ARNAY, J. (Orgs.). *Domínios do conhecimento, pratica educativa e formação de professores.* São Paulo: Ática. 1998.

JANVIER, C. *Multiple embodiment principle. Problems of representation in the teaching and learning of Mathematics.* Hillsdale: LEA, 1987.

MENEZES, L. A importância da pergunta do professor na aula de Matemática. In: PONTE, João Pedro *et al.* (Orgs.). *Desenvolvimento profissional dos professores de Matemática. Que formação?* Lisboa: Sociedade Portuguesa de Ciências da Educação, 1995.

MORAIS, C. Interacção e Aprendizagem de Conceitos Numéricos Complexos. In: MONTEIRO, Cecília *et al.* (Orgs.). *Interacções na aula de Matemática.* SCPE. Secção de Educação Matemática. Viseu, 2000.

PIMM, D. *Speaking mathematically.* London: Routledge and Kegan Paul, 1987.

PIMM, D. *El lenguaje matemático en el aula.* Madrid: Morata, 1990.

PONTE, J. P.; SERRAZINA, M. de L. *Didática da matemática do 1º Ciclo.* Lisboa: Universidade Aberta, 2000.

NCTM. *Normas profissionais para o ensino da Matemática.* Lisboa: Associação de Professores de Matemática, 1994.

ROMÃO, M. M. *O papel da comunicação na aprendizagem da Matemática: um estudo realizado com quatro professores no contexto das aulas de apoio de Matemática.* Tese de mestrado, Lisboa: APM, 1998.

SANZ, I. Comunicación, lenguaje y Matemáticas. In: LLINARES, Salvador; GARCIA, Ma Victória Sanchez (Eds.). *Teoría y práctica en Educación Matemática.* Sevilla: Ediciones Alfar, 1990.

SANTOS, V. de M. *O infinito: concepções e conseqüências pedagógicas.* 1995. Tese (doutorado) – Faculdade de Educação, Universidade de São Paulo, São Paulo, 1995.

VERGNAUD, G. Teoria dos campos conceituais. In: BRUN, Jean (Org.) *Didática das Matemáticas.* Lisboa: Instituto Piaget, 1996.

VEIA, L. A resolução de problemas, o raciocínio e a comunicação matemática no 1º Ciclo do Ensino Básico. In: Ponte, João Pedro *et al.* (Orgs.). *Desenvolvimento profissional dos professores de Matemática. Que formação?* Lisboa: Sociedade Portuguesa de Ciências da Educação, 1995.

Explorações da linguagem escrita nas aulas de Matemática

Sandra Augusta Santos

> Como professor não devo poupar a oportunidade para testemunhar aos alunos a segurança com que me comporto ao discutir um tema, ao analisar um fato, ao expor a minha posição em face de uma decisão governamental. Minha segurança não repousa na falsa suposição de que sei tudo, de que sou o "maior". Minha segurança se funda na convicção de que sei algo, e de que ignoro algo a que se junta a certeza de que posso saber melhor o que já sei e conhecer o que ainda não sei.
>
> (FREIRE, 1998, p. 152-153)

A fala de Freire é inspiradora e nos instiga a enfrentar os desafios que surgem constantemente em nossas aulas. Como professores de Matemática, é freqüente nos depararmos com situações de tensão com nossos alunos, com nossos colegas e com o conteúdo a ser ensinado: o quê? Para quê? De que maneira?

Uma situação recorrente: de um lado, temos os alunos, com um fraco desempenho, muitos até desinteressados. Do outro, estamos nós, responsáveis por uma disciplina básica, em um sistema de pré-requisitos, necessitando cumprir uma dada ementa dentro de um determinado cronograma. Não existem soluções mágicas, mas a disposição, tanto nossa quanto dos alunos, e o estabelecimento de uma parceria no processo de ensinar e aprender Matemática podem ajudar a minimizar conflitos.

Neste artigo, relato algumas explorações pessoais da linguagem escrita em aulas de Matemática, particularmente para alunos do terceiro grau, nas disciplinas de Cálculo, Álgebra Linear, Geometria Plana e Desenho Geométrico, que se mostraram potencialmente ricas como instrumentos para criar e consolidar o compromisso mútuo na parceria professor e aluno.

Linguagem escrita: para quê?

Um texto escrito pode ser visto como a tradução, por meio de palavras, de pensamentos, sentimentos e ações. Segundo Souza (1994, p. 21), "é *na* linguagem, e *por meio* dela, que construímos a leitura da vida e da nossa própria história". No contexto do ensino-aprendizagem, tanto a expressão, na forma dissertativa, de um determinado conceito quanto o eventual relacionamento deste com outros se conectam com a busca de conhecimento e de algum domínio acerca do tema em questão. Naturalmente, um estudante que compreende e domina um determinado conceito deve ser capaz de escrever sobre ele, ressaltando suas certezas e possíveis dúvidas. Na aprendizagem por meio da linguagem escrita, no entanto, não se assume a compreensão conceitual prévia à escrita fluente. Essa aprendizagem é processual, e as palavras são usadas para se chegar aos conceitos. É um fato que o exercício da escrita é aprimorado com a prática: quanto mais se escreve, mais fluência se ganha. Mas a questão principal é que a escrita amplia a aprendizagem, tornando possível a descoberta do conhecimento, favorecendo a capacidade de estabelecer conexões. A percepção individual e coletiva dos pontos fortes e fracos permeia esse processo de aprendizagem por meio do exercício da escrita. Trata-se, no entanto, de uma prática que demanda mobilização e na qual se fica mais à vontade, confiante e reflexivo à medida que se escreve. No decorrer dessa prática, é usual que se revelem, para professor e aluno, concepções alternativas, respaldadas, ou não, pela teoria em discussão. Assim, a linguagem escrita pode ser vista tanto como um instrumento para atribuir significados e permitir a apropriação de conceitos quanto como uma ferramenta alternativa de diálogo, na qual o processo de avaliação e reflexão sobre a aprendizagem é continuamente mobilizado.

Benefícios da linguagem escrita para as aulas de Matemática

> Um estudante que opta pela carreira de matemática ou química não é tanto aquele que sabe as respostas, mas sim alguém que encontrou uma forma bem sucedida de lidar com questões e trabalhar com problemas [...] Aprender envolve manipulação, não só memorização de informação inerte. Envolve ouvir o que o professor de Matemática ou Ciências sabe; também envolve o "buscar sentido" para si mesmo: produzindo, aplicando e estendendo conhecimento, da mesma maneira que o fazem matemáticos e cientistas.
>
> (CONNOLY, 1989, p. 3. Trad. da autora)

Embora nosso trabalho como professores não se limite, em geral, a ministrar disciplinas para estudantes de Matemática, e nem se restrinja ao público das ciências exatas, a "busca de sentido" expressa por Connoly aplica-se a todas as carreiras. A Matemática para as ciências biológicas, econômicas ou sociais também precisa ressoar para os estudantes como algo significativo; caso contrário, o acúmulo de bloqueios e experiências negativas pode gerar obstáculos difíceis de serem transpostos.

Referindo-se aos trabalhos de J. Dewey, L. Vygotsky, J. L. Austin, E. Havelock e T. Kuhn, entre outros, Connoly (1989, p. 4) destaca dois aspectos principais que os permeiam: o conhecimento é socialmente construído, e os agentes dessa construção são os sistemas de símbolos por meio dos quais as pessoas "buscam sentido" – musical, matemático, gráfico, cinético, mas, principalmente, verbal. Segundo Connoly (1989, p. 4), "é na linguagem 'natural' do discurso falado e escrito que nós conduzimos para outros sistemas simbólicos o 'metadiscurso' que nos ajuda a ensinar uns aos outros o que, em caso contrário, teria que ser reaprendido pela experiência pessoal".

Dessa forma, a linguagem escrita nas aulas de Matemática atua como mediadora, integrando as experiências individuais e coletivas na busca da construção e apropriação dos conceitos abstratos estudados. Além disso, cria oportunidades para o resgate da auto-estima para alunos, professores e para as interações da sala de aula. Esse processo favorece a transparência de emoções e afetividade, não só de aspectos negativos, como o medo, a frustração e a tristeza, mas também da coragem, do sucesso, da alegria e do humor.

O recurso à linguagem escrita nas aulas de Matemática vem sendo adotado por vários professores, em especial a partir da década de 80, como fruto do movimento pedagógico americano da escrita ao longo do currículo (WAC: *Writing Across the Curriculum*). Os livros editados por Connoly e Vilardi (1989) e por Sterrett (1990), juntamente com as referências neles contidas, oferecem uma vasta gama de relatos de experiências, com diversas idéias e possibilidades.

Alguns instrumentos, resultados e impressões

> Um escritor não é tanto aquele que tem algo a dizer, e sim alguém que encontrou um processo de trazer à tona novas idéias, que não teriam sido pensadas se ele não tivesse começado a escrevê-las.
>
> (STAFFORD *apud* CONNOLY, 1989, p. 3. Trad. da autora)

Venho utilizando, de maneira mais ou menos sistemática, a linguagem escrita em aulas de Cálculo, Álgebra Linear, Complementos de Matemática, Geometria e em cursos de aperfeiçoamento para professores de Matemática dos ensinos fundamental e médio, desde 1999. Essas investidas tiveram início após participar de um minicurso oferecido pela professora Vânia Santos-Wagner, em visita à PUC-SP, naquele mesmo ano. Meu público-alvo tem sido composto de estudantes de graduação das carreiras de ciências exatas, na Universidade Estadual de Campinas, alunos da Escola de Extensão dessa mesma universidade, ou ainda alunos de cursos de especialização (projeto Pró-Ciência/Fapesp, entre outros). Os instrumentos escolhidos são pequenos textos, mapas conceituais (acompanhados de textos), glossários e diários, os quais descreverei a seguir, juntamente com alguns detalhes sobre a forma com que tenho trabalhado.

Na família de *pequenos textos* incluo a "biografia matemática", questões de abertura e fechamento e cartas.

Gosto de começar um curso novo com a *biografia matemática*. Como encaminhamento, tenho solicitado um parágrafo contendo:

- nome;
- local em que estuda/estudou;
- local de trabalho (se for o caso);
- uma experiência *positiva* com a Matemática;
- uma experiência *negativa* com a Matemática.

Esse texto oferece ao aluno a oportunidade de se colocar e dá "pistas" ao professor, relativas não apenas às origens da formação (por exemplo, escola pública ou particular, colégio técnico etc.) mas também à disponibilidade de tempo extraclasse da turma com a qual trabalhará, permitindo delinear uma espécie de perfil acerca desses alunos. As duas últimas questões, envolvendo uma experiência positiva e uma negativa com a Matemática, ajudam a abertura de um canal afetivo para o trabalho que se seguirá. É importante que a experiência positiva seja detectada e registrada antes da negativa, pois as frustrações podem bloquear as satisfações. Em geral, esse exercitar da memória, em que emoções vêm à tona, proporciona um momento diferente e marcante na aula de Matemática.

A *abertura* é um outro pequeno texto, com questões dirigidas visando sensibilizar o aluno para o tema que será discutido, possivelmente retomando conceitos previamente trabalhados, ou, então, detectando as concepções que se têm (ou não!) sobre aquele assunto. Em uma aula sobre quadriláteros, em Geometria Plana, poderíamos "começar a conversa" com:

- O que você entende por *quadrilátero*?
- Esboce três *tipos* de *quadrilátero*. Você saberia nomeá-los?
- Aponte semelhanças e diferenças entre um *quadrado* e um *retângulo*.

Já o *fechamento*, também conhecido como *bilhete de fim de aula*, pode ser encaminhado com algumas questões, como por exemplo:

- Qual o conceito mais importante desta aula?
- Qual foi minha principal dúvida nesta aula?

Ao ser convidado a pensar sobre o que aconteceu na aula, o aluno é levado a uma pequena reflexão, envolvendo-se mais ativamente no seu processo cotidiano de aprendizagem. As respostas a essas questões proporcionam um *feedback* importante para o professor, em especial naquelas aulas em que a turma se mostrou muito passiva ou muito agitada. Demandam, por parte do professor, leitura, análise e, em aulas subseqüentes, um retorno para os alunos; caso contrário, em uma próxima oportunidade, estes não se sentirão motivados a participar.

Uma outra opção de pequeno texto são as *cartas* (para um parente ou um colega), cujas motivações básicas são as mesmas do fechamento, mas com linguagem mais simples e cotidiana. Inspirada no material preparado pelo prof. J. M. Martínez para a disciplina de Complementos de Matemática para a Química,[1] passei a adotar "cartas para a tia Belarmina", solicitadas em listas de exercícios e testes, com o seguinte enunciado básico: "Escreva uma carta para sua tia Belarmina, explicando para ela ..."

Ao converterem para a escrita em prosa a simbologia usual em Matemática, tantas vezes permeada de "hieróglifos" e abreviações, os estudantes aprofundam-se nos procedimentos e significados que permeiam o tema em questão. Com essa mudança de paradigma, dos símbolos para o texto em prosa, esse exercício pressupõe uma grande disposição, nem sempre encontrada. Já aconteceu de um aluno qualificar sua tia Belarmina como "uma matemática que cursou esta disciplina" e carregar sua carta de fórmulas... Por outro lado, é inegável que os "compradores da idéia" saiam enriquecidos. A reflexão a seguir foi elaborada por um estudante na avaliação final da disciplina Geometria Plana e Desenho Geométrico, no primeiro semestre de 2003:

> [...] Ao escrever textos desprovidos de rigor matemático, mas que tratam sobre Matemática, pude melhorar muito minha maneira de "traduzir" informações estritamente técnicas para um linguajar para leigos.

Vale dizer que as cartas para a tia Belarmina possibilitam ainda que aflorem afetividade e humor, em geral pouco comuns em trabalhos escolares de Matemática.

No segundo semestre de 2002, ministrando a disciplina de Complementos de Matemática para a Química, pedi, em um dos testes mensais, uma carta. Essa atividade integrava a lista de exercícios do conteúdo correspondente. Dois exercícios adicionais foram incluídos nas notas de aula, solicitando a pesquisa de exemplos, em aulas de laboratório já vivenciadas, com tabelas de pontos experimentais linearmente e quadraticamente relacionados. Além dos cálculos propriamente ditos, pedi um comentário sobre o significado dos coeficientes calculados para a reta e para a parábola, respectivamente, no contexto do experimento escolhido. O enunciado do teste foi o seguinte:

---

[1] Disponível em: *www.ime.unicamp.br/~sandra/MS210*

A aula sobre o método dos quadrados mínimos, juntamente com as pesquisas feitas nos exercícios, deve ter dado a você uma idéia de como a minimização de funções é usada para ajustar modelos nas ciências experimentais. Escreva uma carta para sua tia Belarmina explicando esse processo da maneira mais geral possível.

Após uma primeira leitura das cartas produzidas, por sinal bastante heterogêneas, surgiu o impasse: como avaliar objetivamente e atribuir notas a esse material? Houve desde uma carta-bilhete, confessando mais ou menos assim: "Tia, não sei nada sobre quadrados mínimos, me desculpe", até aquelas bem elaboradas, recheadas de exemplos e ilustrações. Devido a essa gama de possibilidades, acabei optando por buscar, nos textos, elementos que respondessem às seguintes questões, com a pontuação máxima possível entre parênteses:

1. O que são Quadrados Mínimos? (2.0)
2. Para que/por que usar? (3.0)
3. Como construir o modelo? (3.0)
4. Como usar o modelo? (2.0)

Tendo como base esse critério de avaliação, e ponderando comparativamente a qualidade das respostas em termos da completeza e do detalhamento, as notas atribuídas ao teste geraram o histograma da figura 1. Neste gráfico, notamos que a distribuição das notas ficou aproximadamente uniforme, com média de 5,6 e mediana de 5,8. Com essa grade criteriosa, o estudante que nada sabia ficou com zero, enquanto cinco alunos obtiveram notas entre 9 e 10. O histograma das notas da carta é semelhante aos obtidos com testes compostos de exercícios analíticos ou numéricos típicos, apontando para o caráter alternativo da linguagem escrita como instrumento de avaliação, com a busca de objetividade para a pontuação dos resultados.

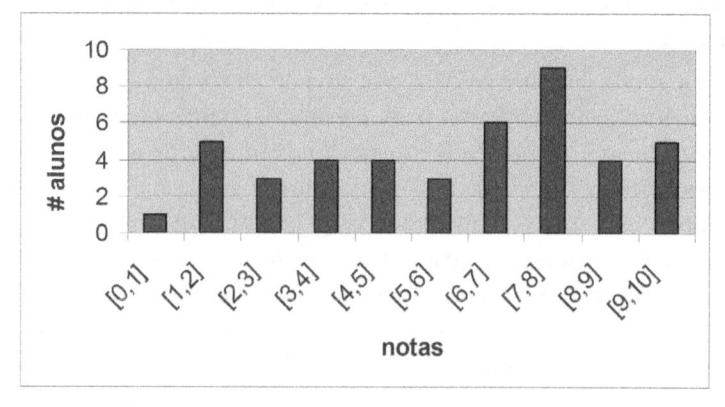

Figura 1. Histograma com a distribuição das notas no teste com a carta para a tia Belarmina.

Um outro instrumento bastante completo são os *mapas conceituais, acompanhados de textos*. O livro de Novak e Gowin (1984) apresenta os fundamentos e objetivos do trabalho com mapas. Esses autores utilizam os mapas conceituais como forma de apropriação de conceitos, visando a uma aprendizagem significativa, ou, ainda, como instrumentos para avaliação, e para o planejamento, tanto instrucional quanto de pesquisa. Outro material que sugere o uso de mapas conceituais é o livro de Moreira e Buchweitz (1993), que, na mesma linha de Novak e Gowin, desenvolve a fundamentação teórica, modelos e exemplos desse recurso educativo. Santos (1997, p. 20) propõe a complementação dos mapas conceituais com textos explicativos escritos e sugere que esse instrumento seja classificado como "mapa diagnóstico", "mapa exploratório", "mapa estudo" e "mapa avaliação". Segundo Santos (1997, p. 21),

> um mapa conceitual é como um retrato instantâneo de um aluno num determinado momento, ou seja, é a imagem mental que o aluno tem sobre um assunto naquele instante. Esta imagem pode e deve evoluir e clarear com as aulas de Matemática. Por isso o professor pode e deve utilizar esta estratégia de uma forma sistemática e continuada para que os alunos possam beneficiar-se do uso deste instrumento de ensino.

Os mapas conceituais foram concebidos para apoiar abordagens de instrução que tenham como objetivo aumentar a aprendizagem significativa. A noção de aprendizagem significativa, em oposição à aprendizagem "memorística", supõe que o indivíduo opte por relacionar os novos conhecimentos com as proposições e conceitos relevantes que já conhece. Em contrapartida, na aprendizagem "memorística", o novo conhecimento pode ser adquirido simplesmente mediante a memorização verbal e pode ser incorporado arbitrariamente na estrutura de conhecimentos de uma pessoa, sem interagir com o que já lá existe. O quadro da figura 2 ilustra, independentemente da estratégia de instrução adotada, as possibilidades de aprendizagem, desde a que é quase "memorística" até a altamente significativa; desde a aprendizagem receptiva, na qual a informação é oferecida diretamente ao aluno, até a aprendizagem por descoberta autônoma, na qual o aluno identifica e seleciona a informação a aprender.

Os mapas conceituais têm por objetivo representar relações significativas entre conceitos, na forma de proposições. Servem para tornar claras, tanto aos professores quanto aos alunos, as idéias-chave em que se devem pautar para uma tarefa de aprendizagem específica. Podem funcionar como um mapa rodoviário visual, mostrando alguns dos trajetos a serem seguidos para se conectarem significados de conceitos, de forma a resultarem em proposições. Concluída uma tarefa de aprendizagem, os mapas conceituais mostram um resumo esquemático do que foi aprendido.

	Metaconhecimento e metaprendizagem[2]		
aprendizagem significativa	Clarificação de relações entre conceitos	Instrução áudio-tutorial bem concebida	Investigação científica; nova música ou nova arquitetura
	Palestras ou a maioria das apresentações dos livros-texto	Trabalho no laboratório escolar	A maior parte da pesquisa ou produção intelectual rotineira
aprendizagem "memorística"	Tabelas de multiplicação	Aplicação de fórmulas para resolver problemas	Soluções de quebra-cabeças por tentativa e erro
	aprendizagem receptiva	aprendizagem por descoberta guiada	aprendizagem por descoberta autônoma

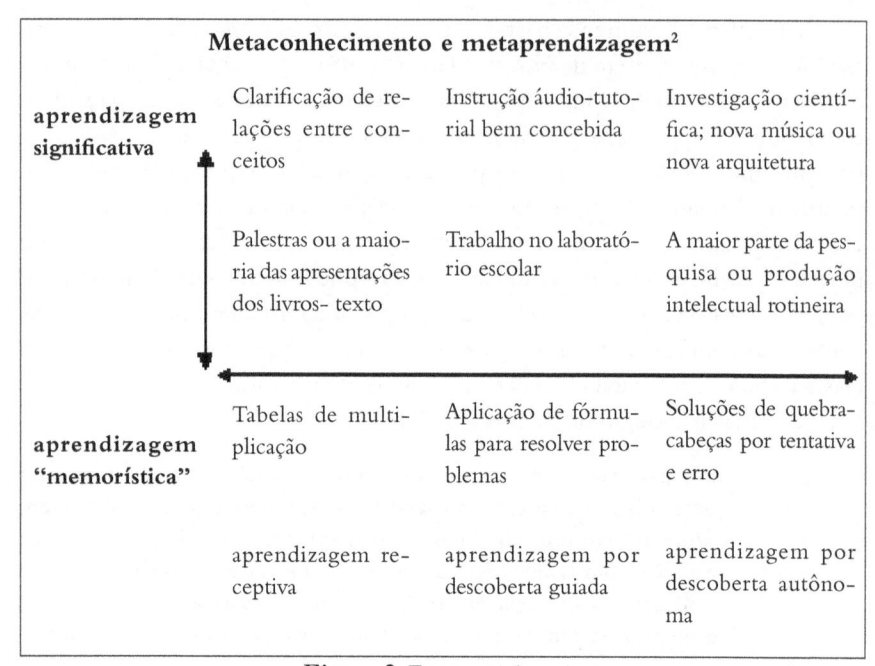

Figura 2. Formas típicas de
aprendizagem (cf. NOVAK; GOWIN, 1999, p. 24)

Tendo em vista que uma aprendizagem significativa se produz mais facilmente quando os novos conceitos ou significados conceituais são englobados por outros mais amplos, ou quando se percebe que um dado conceito constitui uma generalização de outros já conhecidos, é interessante que a organização do mapa obedeça a uma estrutura hierárquica. Por exemplo, conceitos mais gerais podem localizar-se no topo do mapa, e os conceitos mais específicos, sucessivamente, abaixo deles.

A elaboração de mapas conceituais é uma técnica para exteriorizar conceitos e proposições. O grau de precisão com que os mapas conceituais representam os conceitos conhecidos, ou a gama de relações entre eles (e que se pode expressar como proposições), é ainda objeto de conjecturas. É inegável, no entanto, que, no processo de elaboração dos mapas, se podem desenvolver novas relações conceituais, especialmente quando se procura ativamente construir relações proposicionais entre conceitos até então não considerados relacionados. Estudantes e professores notam freqüentemente, durante a elaboração de mapas conceituais, que reconhecem novas relações e, portanto, novos significados

---

[2] O metaconhecimento refere-se ao conhecimento que lida com a natureza do conhecimento e do ato de conhecer. A metaprendizagem refere-se à aprendizagem que lida com a natureza da aprendizagem, ou seja, é a aprendizagem acerca da aprendizagem.

(ou, pelo menos, significados que eles não possuíam conscientemente antes de elaborarem o mapa). Nesse sentido, a elaboração de mapas conceituais pode ser uma atividade criativa, que ajuda a estimular a criatividade.

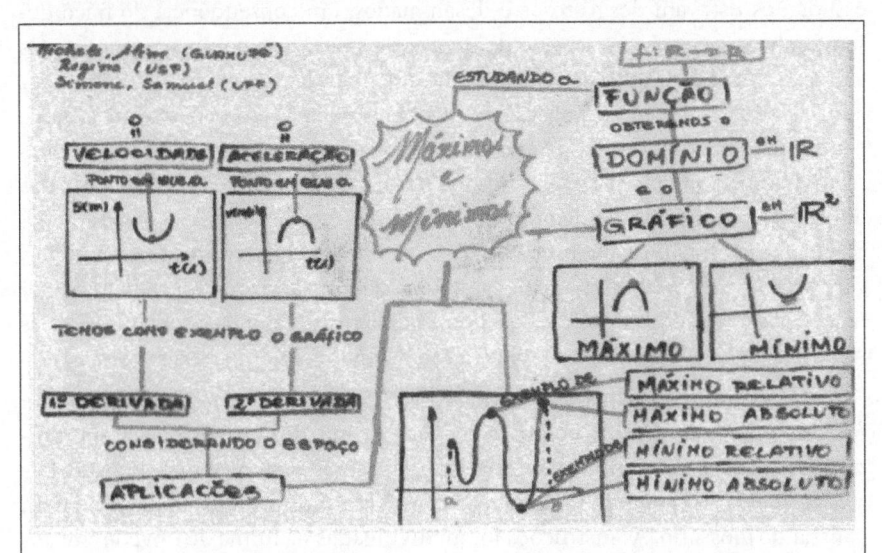

- O conceito de *Máximos* e *Mínimos* refere-se a um importante aspecto de uma função. Para analisar os pontos de Máximo e Mínimo de uma função, precisamos primeiramente de definir seu *domínio*. Constrói-se o gráfico, dentro do domínio, para se ter uma idéia da *localização* desses pontos, que se classificam em locais/relativos e globais/absolutos.
- O ponto de máximo é onde a função assume maior valor, e o ponto de mínimo, menor valor. Igualando-se a primeira derivada a zero (f´(x)=0), obtemos o ponto onde a função assume valor máximo ou mínimo.
- Determinar os pontos de Máximo e Mínimo tem aplicações práticas. Exemplo: tendo a função que descreve a posição de um corpo no tempo, derivando-a e igualando a zero, obtemos o instante em que a velocidade do móvel é nula.

Michele e Aline (Guaxupé), Regina (USP), Simone e Samuel (UFF)

Figura 3. Exemplo de mapa conceitual acompanhado de texto.

A figura 3 contém um exemplo de mapa conceitual, com texto explicativo, para o tema "Máximos e Mínimos", preparado por cinco estudantes do minicurso "Explorando a linguagem escrita nas aulas de Matemática", ministrado pela autora na Bienal da SBM (UFMG – Belo Horizonte), em outubro de 2002. Vale destacar que esse mapa foi produzido mediante conversas, negociações e um primeiro rascunho. Foi organizado e "passado a limpo" em uma transparência, apresentada na figura, em conjunto com o texto explicativo, que nos permite traduzi-lo e acompanhá-lo. No minicurso, o grupo fez uma exposição oral do mapa produzido, compartilhando-o com os demais participantes.

O *projeto glossário* foi uma atividade desenvolvida por estudantes de três turmas[3] de Álgebra Linear, no segundo semestre de 2001. Logo após a primeira prova da disciplina, um clima de frustração contagiou a maioria. Professoras e estudantes estavam desgostosos e desanimados, em conseqüência do fraco desempenho das turmas na prova e de uma certa apatia que dominava as aulas. Os alunos reconheciam que se estavam dedicando mais à disciplina Cálculo II e, por isso, não se saíram bem na avaliação de Álgebra Linear. Mas o semestre prosseguia, e a ementa a ser cumprida parecia uma espada sobre as nossas cabeças. Como recuperar o envolvimento e esse "tempo perdido"? O caráter árido e abstrato das definições e o novo vocabulário permeado de termos específicos são características da disciplina que, na minha opinião, não favorecem o trabalho com mapas conceituais. Sugeri às minhas colegas a idéia do glossário, que foi concebida por nós três na forma de um projeto, visando auxiliar nossos alunos na organização das informações e na construção e apropriação do conhecimento na disciplina.

O encaminhamento do trabalho ocorreu da seguinte maneira: inicialmente foi feito um levantamento coletivo, em cada turma, dos termos mais importantes vistos até o momento. A seguir, as professoras justapuseram as listas das três turmas, selecionando uma relação com 30 termos principais que deveriam constar do glossário. As instruções foram divulgadas na forma de um convite aos alunos, ou seja, não era uma atividade obrigatória, e poderiam ser acrescentados até dois pontos à nota da primeira prova.

A preparação consistiu na construção individual do glossário propriamente dito, contendo, pelo menos, os 30 termos selecionados. Sugerimos que as entradas do glossário contivessem a definição (em palavras e em símbolos), casos particulares, exemplos e um "algo mais", isto é, uma aplicação, um exemplo mais elaborado, uma interpretação geométrica, um teorema relacionado etc. Preparamos um exemplo para "dimensão", mostrado em transparências na aula e deixado à disposição para consulta na página da *web* da disciplina. Para a elaboração desse exemplo, combinamos a definição do dicionário Aurélio, a definição em palavras e em símbolos na linguagem da Álgebra Linear, casos particulares, um exemplo simples e uma conseqüência, o teorema da dimensão (como "algo mais") e a definição de "dimensão fractal", como curiosidade.

Os alunos tiveram uma semana para decidirem se participariam e para se inscreverem para a etapa seguinte – composta de apresentações e discussões coletivas –, que ocorreu 11 dias após a divulgação das instruções, em um sábado, pela manhã, horário que possibilitaria a presença das três turmas. Com a lista de participantes, organizamos, por sorteio, grupos de seis alunos, mesclando as turmas, em um total de 12 grupos. Sorteamos também 12 temas entre os 30 previamente

---

[3] Duas turmas no período da manhã (a da autora e a da profa. Margarida Mello) e uma turma à noite, sob a responsabilidade da profa. Vera Figueiredo.

selecionados, e cada grupo ficou encarregado de preparar transparências e uma apresentação, com base no material dos integrantes. Reservamos meia hora para essa preparação, e cada grupo teve dez minutos para a apresentação oral e cinco minutos para responder às perguntas e críticas feitas por um outro grupo, também sorteado. Na metade das apresentações, após a exposição e argüição do sexto grupo, fizemos uma breve pausa, com direito a bolachas e refrigerantes, levados pelas professoras.

A avaliação dos grupos baseou-se na apresentação (de 0 a 0,8), na crítica realizada (0 a 0,8), atribuída pelas três professoras, e na auto-avaliação: cada membro do grupo deu uma nota (0 a 0,4) a si mesmo e aos demais. O valor a ser acrescentado à nota da prova de cada aluno participante consistiu na soma das notas da apresentação, da crítica e da média das notas recebidas pelos membros do grupo. Os resultados quantitativos do projeto glossário estão resumidos, por turma, na Tabela 1, com a porcentagem de participação (número de participantes dividido pelo total de alunos de cada turma), e indicação dos valores mínimo, da média (em destaque) e máximo, para as notas das apresentações e críticas, para as notas da auto-avaliação e para o total a ser acrescentado à nota da prova. Percebemos que a adesão ocorreu de forma diferente, nas turmas da manhã e do noturno, provavelmente devido ao tempo extraclasse demandado para participar desse projeto. Também podemos notar a honestidade nas auto-avaliações: a nota máxima não foi atribuída na maioria dos casos.

Além do benefício concreto para os alunos participantes, cujas notas da primeira prova aumentaram entre um e dois pontos, esse projeto favoreceu o resgate de aspectos afetivos que permeiam a relação aprendiz-conteúdo-professor, conforme revela o depoimento de um aluno, em um bilhete entregue no final das apresentações:

> No começo do ano todo mundo tava dando graças a Deus por ter caído com você, só que esse sentimento foi se perdendo ao longo do curso. No meu caso, esse sentimento renasceu, e sinto que meus colegas também sentiram isso. Espero que continue assim e possamos aprender juntos sem ressentimentos.

Também merecem registro reações espontâneas, que ouvimos ao longo do sábado, como, por exemplo: "Vou até o inferno por estes dois pontos"; "Viria até no domingo de madrugada, e nem precisava valer dois pontos. Isso mostra como vocês se preocupam com a gente"; "Puxa! Vocês trouxeram lanche pra gente! Então, nem precisava dos dois pontos..."

Tivemos ainda retorno por *e-mail*, com as seguintes impressões e sugestões:

> [...] acho que a parte escrita ajuda muito a fixar conceitos. Infelizmente não pude dar a atenção necessária na véspera do sábado mas pretendo recompensar concluindo a parte escrita agora [...] Minha sugestão ao

projeto glossário é que, ao fim de cada aula, selecionemos juntos as palavras-chave, para dar continuidade ao projeto.

O envolvimento, o esforço e a participação dos alunos e professoras no projeto glossário mobilizaram disposição para prosseguir o semestre. Novamente, o princípio do contágio se instalou, e mesmo aqueles que não participaram efetivamente foram beneficiados pela reciprocidade positiva conquistada.

Turmas	A (manhã)	B (manhã)	Z (noite)
Adesão/total = % participação	35/67 = 52%	29/67 = 42%	8/50 = 16%
Notas das apresentações e críticas	(0.80, **1.19**, 1.60)	(0.80, **1.13**, 1.60)	(1.00, **1.26**, 1.50)
Notas da auto-avaliação	(0.32, **0.37**, 0.40)	(0.32, **0.37**, 0.40)	(0.00, **0.30**, 0.37)
Total a ser acrescentado à nota da prova	(1.15, **1.56**, 2.00)	(1.18, **1.50**, 2.00)	(1.36, **1.56**, 1.83)

Tabela 1. Resultados do projeto glossário
de Álgebra Linear (segundo semestre de 2001)

Um outro instrumento com o qual tenho trabalhado são os *diários*. Inicialmente adotados na disciplina "Complementos de Matemática para a Química", os diários foram propostos com um caráter essencialmente individual, e não-obrigatório. Vale dizer que ministrei essa disciplina no período noturno, do qual a maioria dos alunos trabalhava durante o dia e tinha alguma (ou muita!) dificuldade com a Matemática. A primeira experiência, que ocorreu no segundo semestre de 2000, iniciou-se de maneira bem informal: convidei-os, oralmente, a separarem um pequeno caderno no qual deveriam anotar o que estava acontecendo em nossas aulas. Minha intenção era de que eles me acompanhassem, registrando suas dúvidas e descobertas. Prometi um bônus de até meio ponto na média final, em função da qualidade do material produzido, embora, naquele momento, ainda não tivesse clareza de como avaliaria essa "qualidade". Dos 33 alunos matriculados, 16 fizeram o diário. Ao longo do semestre, semanalmente fui recolhendo dois ou três diários de cada vez, lendo e devolvendo-os na aula seguinte, com comentários.

A capa da caderneta a seguir, preparada por um dos estudantes dessa turma, é bastante significativa e ilustra aspectos emocionais e afetivos que podem emergir em um trabalho com diários. Aos elementos *danger* (perigo), *explosives* (explosivos) e *contaminated area* (área contaminada) presentes no material escolhido, o estudante acrescentou "Cálculo", *don't open!* (não abra!), e ainda *keep out* (fique fora). A expressão espontânea e sem censura propicia a manifestação de emoções e sentimentos, deixando que transpareçam características próprias do estudante. Afetividade e humor, por exemplo, geralmente ausentes da produção matemática dos alunos, são elementos bem-vindos e saudáveis nos diários.

Naturalmente, esse instrumento abriu um canal de comunicação para os estudantes, – consigo mesmos e com a professora. Nesse processo, o diário converteu-se em um espaço descontraído para percepção e solução de dúvidas e num material de consulta precioso para os próprios estudantes. Nesse sentido, incluímos, a seguir, a percepção de uma aluna no último registro de seu diário:

> Ah! Não posso esquecer de falar que a cadernetinha me ajudou muito na hora dos estudos, e quem não a fez perdeu um importante material de consulta.

Com relação à avaliação desse material, considerei três aspectos para quantificar o trabalho dos alunos: completeza; reflexão afetiva e reflexão matemática. Com o primeiro aspecto, observei a freqüência dos registros, que não deveriam ser simplesmente uma cópia do caderno. O segundo contemplou a presença de aspectos emocionais nos registros, nos quais transpareceram a humanidade, a aula em que sentiu sono, a vibração ao compreender um determinado assunto, entre outros. Para as reflexões matemáticas, considerei as conexões feitas, as dúvidas e as certezas apresentadas, ou seja, as pistas de que um processo de metarreflexão havia se desencadeado. Atribui até dez pontos para cada um desses aspectos, fiz a média e ponderei o resultado, valendo até meio ponto, a ser acrescentado na média final. Como resultado dessa experiência, na qual metade dos alunos da turma aderiu ao convite, o bônus médio obtido foi de 0.4, com um mínimo de 0.1 e máximo de 0.5. Considerando separadamente cada um dos aspectos, os valores mínimo, médio e máximo foram: (3; 8,8; 10), (7; 9,3; 10) e (0; 7,8; 10), para completeza, reflexão emocional e reflexão matemática, respectivamente. Observando a variação desses valores, notamos que as reflexões matemáticas foram menos freqüentes que as afetivas, o que nos leva a conjecturar que possivelmente tenham causado maior dificuldade para serem feitas. Com relação à completeza, nos 16 diários avaliados, havia ao menos 30% do conteúdo registrado. Embora, no início do período, o universo de alunos que começaram a fazer o diário fosse maior, alguns deles não prosseguiram com a proposta até o final. Houve ainda dois alunos que passaram a fazer os registros algumas semanas depois do convite inicial. Vale destacar que os bônus conquistados pelos 16 alunos não foram determinantes, ao menos diretamente, para que obtivessem a nota necessária para aprovação. No entanto, a correlação apresentada entre os bônus e as médias finais desses alunos nos oferece indícios para inferir que o trabalho com diários favoreceu um melhor desempenho nessa disciplina.

Comentários finais

As explorações da linguagem escrita nas aulas de Matemática têm proporcionado elementos enriquecedores para a prática docente de muitos professores. Acredito que minha principal motivação para adotar esses instrumentos é a potencialidade do resgate afetivo na relação professor-conteúdo-aluno. Naturalmente, esta caminhada está longe de ser uma panacéia e gera tensões como qualquer outra.

Para que haja sucesso nas atividades empregando a linguagem escrita nas aulas de Matemática, estas não podem ser encaradas de forma meramente utilitária ou burocrática. É crucial que o professor dê retorno freqüente aos alunos, o que pode sobrecarregá-lo, em alguns momentos, com material para análise e correção. Também é essencial que o aluno "compre" a proposta, o que, na maioria das vezes, demanda dedicação. As tentativas de se desvencilhar logo das tarefas propostas, infelizmente, acabam ficando muito transparentes nos textos produzidos. Nesse sentido, a não-obrigatoriedade ajuda, pois aderem os que realmente estão dispostos a se envolver, mas o ideal seria conquistar a participação da maioria, numa tentativa de reverter o utilitarismo que nos vem assolando.

Com relação ao uso da linguagem escrita como instrumento de avaliação, o caráter subjetivo pode perpassar os resultados, como ocorre com qualquer outro instrumento. O emprego da linguagem escrita, em suas variadas formas, no entanto, favorece um trabalho e um acompanhamento processual dos envolvidos. Afinal, "privilegiar o processo implica um outro modo de olhar para o vivido" (FONTANA, 2003 p. 165). Além disso,

> é preciso ter coragem de romper com as concepções e crenças que nós, professores, reforçamos de avaliação como produto final do processo ensino/aprendizagem [...] Sabemos também que, na prática, apenas o conteúdo efetivamente cobrado pelo(a) professor(a) em provas e/ou testes irá determinar o que o(a) aluno(a) julgará importante saber e/ou memorizar em Matemática. Portanto, precisamos refletir sobre as informações que nossas atividades de avaliação comunicam aos alunos da turma. (SANTOS, 1997 p.ii-iii)

A mobilização do espírito crítico e reflexivo, por sua vez, é uma conquista preciosa para o estudante, em seu processo de busca e apropriação do conhecimento, e que certamente repercute no professor. Acredito que questões como "para que estou aprendendo [ensinando] isso?" deveriam permear mais e mais nosso repertório de indagações, desencadeando a revisão de posturas e o despertar para novas buscas. Sem dúvida, na conversa consigo mesmo — que precede a produção de um texto escrito, — e no diálogo que esse material desencadeia com o outro, podem-se fortalecer vínculos cognitivos e afetivos com a Matemática.

Agradecimentos. Sou especialmente grata às idéias e às sugestões das professoras Vânia M. P. Santos – Wagner e Valéria de Carvalho. Agradeço também aos alunos e professores participantes dessas experiências, que têm proporcionado elementos para melhoria e motivação para que eu prossiga trilhando esse caminho.

Referências

CONNOLY, Paul; VILARDI, Teresa. (eds.) *Writing to learn Mathematics and Science*. New York: Teachers College Press, 1989.

FONTANA, Roseli A. C. *Como nos tornamos professoras?* 2.ed. Belo Horizonte: Autêntica, 2003.

FREIRE, Paulo. *Pedagogia da autonomia: saberes necessários à prática educativa*. 7ed. São Paulo: Paz e Terra, 1998.

MOREIRA, Marco A.; BUCHWEITZ, Bernardo. *Novas estratégias de ensino e aprendizagem: os mapas conceituais e o epistemológico*. Lisboa: Plátano, 1993.

NOVAK, Joseph D.; GOWIN, D. Bob. *Aprender a aprender*. 2.ed. Lisboa: Plátano, 1999 (trad. Carla Valadares – título original: *Learning how to learn*, Cambridge University Press, 1984).

SANTOS, Vânia M. P. (Coord. e Org.). *Avaliação de aprendizagem e raciocínio em Matemática: métodos alternativos*. IM-UFRJ-Projeto Fundão, Rio de Janeiro, 1997.

SOUZA, Solange J. Infância e linguagem: Bakhtin, Vygotsky e Benjamin. Campinas: Papirus, 1994. (Coleção magistério, formação e trabalho pedagógico).

STERRETT, Andrew (Ed.). *Using Writing to Teach Mathematics*. MAA Notes number 16, Washington (DC): The Mathematical Association of América, 1990.

As inter-relações entre iniciação matemática e alfabetização

Maria Cecília Gracioli Andrade

Ao ser convidada para participar da mesa-redonda, abordando o tema das relações entre a iniciação matemática e a alfabetização, pensei em apresentar material produzido pelas crianças na escola onde trabalho, na tentativa de fazer relações entre a prática de sala de aula e as teorias ou reflexões que fundamentam tais práticas. Ao iniciar a seleção dos trabalhos, senti necessidade de trazer outras formas de expressões e de leituras de que os homens se utilizam para compreenderem a si mesmos, os outros e o mundo onde vivem. Somente a linguagem materna e a matemática pareceram-me insuficientes para compreender a complexidade e a beleza das relações existentes entre todas as diferentes formas de expressão e leitura. O que vou apresentar é apenas um esboço, uma tentativa acanhada e humilde de refletir sobre tal complexidade.

Nas relações que o homem estabelece com o mundo e com outros homens, várias formas de expressão estão presentes. No seu experienciar o mundo, o ser humano estabelece uma rede de relações e significados, apropriando-se de sua cultura e também a produzindo.

O indivíduo lê as diferentes formas de expressão existentes no mundo social, afetivo, cognitivo... onde está imerso, compreendendo-as e interpretando-as. Faz uma leitura delas e, quando expressa o que compreendeu e interpretou do que leu, comunica seu pensamento, seus sentimentos, impressões, relações etc., podendo usar diferentes linguagens: oral, escrita, plástica, musical, dramática... Outros indivíduos farão leituras dessas expressões. Vamos formando, então, uma rede de conhecimentos. Quanto mais leituras e comunicações fizermos, maior será nosso conhecimento: conhecimento de nós mesmos, do outro, da nossa cultura, do mundo. Quanto maior conhecimento e compreensão, maiores são as possibilidades de ações conscientes no mundo pessoal, social e cultural.

A compreensão, que é um ato cognitivo, e a comunicação não são suficientes, por si sós, para cumprir a tarefa de ajudar o homem na apropriação do mundo e na sua ação sobre ele. Cabe à afetividade complementar o modo constitutivo do homem estar no mundo. A paixão e a curiosidade pelo conhecer devem estar presentes na sala de aula e no processo de aquisição de conhecimento, tanto por parte do aluno como do professor. O professor que tem essa paixão pelo conhecer e que demonstra ser um aprendiz em sala de aula transmite, mesmo sem o saber, essa paixão aos seus alunos. O aluno aprende não pelo que se fala a ele, mas por aquilo que vê e sente, principalmente na figura de seu professor.

Apresentarei algumas formas de expressão para que façamos uma leitura delas. Algumas foram feitas pelas crianças no Curso de Educação Infantil da Escola Comunitária de Campinas e outras não, mas estiveram presentes no nosso trabalho em sala de aula.

Para maior compreensão e interpretação e, portanto, maior significação dessas expressões e linguagens, comentarei um pouco sobre cada uma, contextualizando-as dentro de um dos recursos metodológicos que utilizamos: os Projetos Integrados de Áreas. Neles, diferentes áreas do conhecimento são trabalhadas, não de forma partida ou compartimentada, mas de modo a formar uma rede de relações que dão significado ao aprendizado e ao conhecimento, adquiridos e construídos pelas crianças.

As atividades apresentadas foram criadas e desenvolvidas pelos professores do Curso de Educação Infantil da Escola Comunitária.

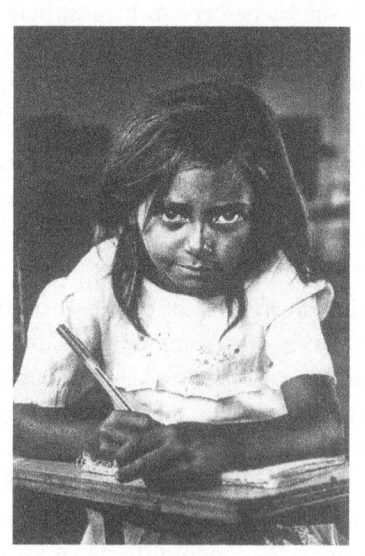

Figura 1 – Foto: Filha de sem-terra num acampamento em Barra do Onça. Sergipe, Brasil, 1996, de Sebastião Salgado.

Quais sentimentos essa foto lhe traz? Essa criança, pela sua postura, olhar, semblante..., transmite a você quais idéias, pensamentos, sentimentos?

Podemos fazer diferentes tipos de leitura, pois as imagens podem ser mais ou menos significativas para cada um de nós, dependendo de vários fatores, como: a história de vida pessoal, social e cultural; conhecimentos prévios; relações com experiências vividas; o estado emocional no momento da leitura; a relação que temos com a pessoa que está transmitindo tal linguagem etc.

Essa foto é muito significativa para nós, em nossa escola, pois retrata uma criança em sala de aula, em processo de aprendizagem da escrita, e também porque nossa diretora, dona Amélia Pires Palermo, por quem temos enorme respeito e admiração, tem um quadro com essa foto em sua sala, presente de uma mãe de aluno.

ALGUNS PAÍSES QUE ORIGINARAM O POVO BRASILEIRO.

ORIGEM	QUANTIDADE	TOTAL
1 – BRASILEIRA	||||	4
2 – ESCOCESA	|	1
3 – ESPANHOLA	|||||	5
4 – FRANCESA	|	1
5 – INDÍGENA	|	1
6 – ITALIANA	|||||||	7
7 – JAPONESA	||	2
8 – LIBANESA	|	1
9 – PANAMENHA	|	1
10 – PORTUGUESA	||||||	6
11 – SÍRIA	||	2

Figura 2 – Tabela : "Alguns países que deram origem ao povo brasileiro"

Essa tabela foi montada pelas crianças do Infantil 4 (crianças de 5-6 anos) e faz parte do Projeto Integrado de Áreas "Formação do Povo Brasileiro". A professora havia pedido aos alunos que, como lição de casa, questionassem os pais a respeito do(dos) país(países) de origem de suas famílias e trouxessem as informações para a escola. Com os dados colhidos, preencheram conjuntamente a tabela e fizeram a sua análise: de qual país vieram mais famílias? O que elas tinham em comum e por quê? De quais países vieram menos? Por que não apareceu nenhuma família do continente africano? etc. Dados foram retirados da observação da tabela. Hipóteses foram levantadas, e relações foram estabelecidas.

Com a ajuda do mapa-múndi, localizaram cada país de origem e sua relação, em termos de distância, com o Brasil.

As atividades a seguir, que fazem parte do Projeto Integrado de Áreas "Festa Junina", foram realizadas por crianças do Infantil 3 (4-5 anos). Após as crianças terem vivenciado a festa junina da escola, a professora entregou a cada uma folha em branco e pediu que pegasse, em uma determinada caixa, 12 palitos de sorvete. Deveriam montar, com os 12 palitos, três barracas da festa junina, de modo a usar todos os palitos. Deveriam também caracterizar cada barraca com desenhos e com a escrita.

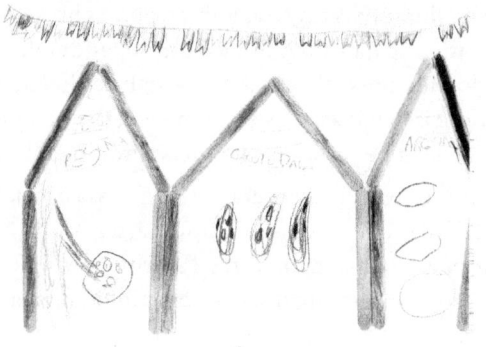

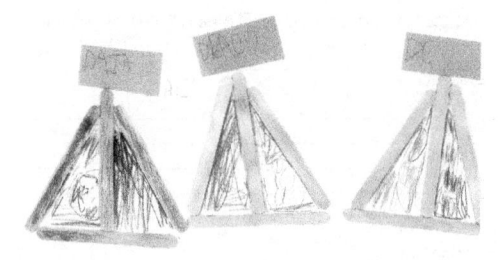

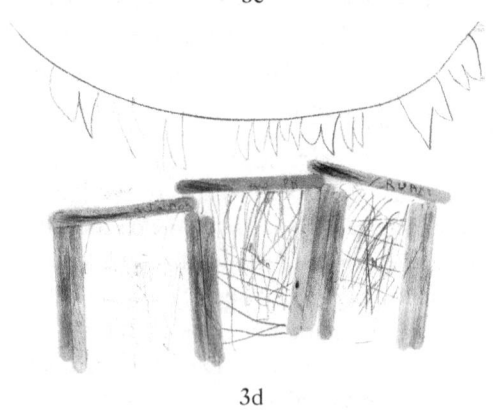

3a

3b

3c

3d

3e

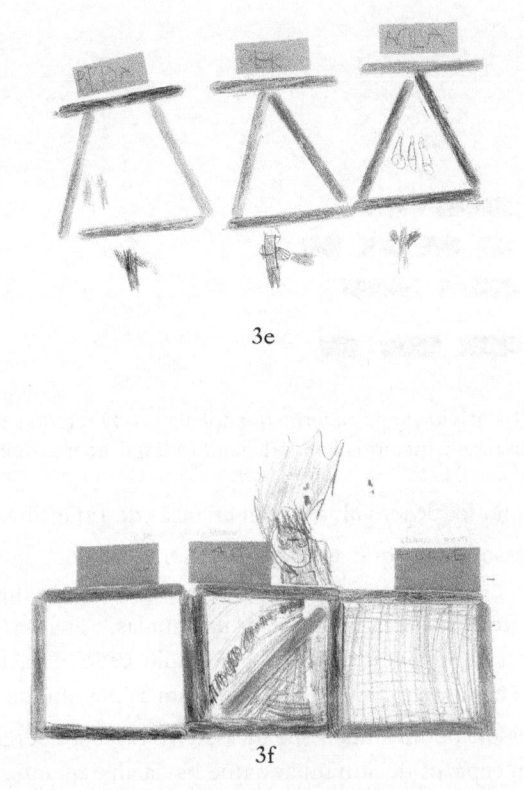

3f

Figuras 3a, 3b, 3c, 3d, 3e, 3f – "Barracas da Festa Junina".

Essa foi uma atividade individual, e cada criança resolveu o problema de montagem/contagem, escrita e desenho segundo seu raciocínio, suas hipóteses e habilidades. Interessante observar a diversidade de soluções, a habilidade pictórica e também os diferentes níveis nas hipóteses da construção da língua escrita.

Não ter só uma resposta "certa" ou possível amplia as possibilidades de resolução, permite criatividade, raciocínio e flexibilidade no pensar. Enriquece as respostas do coletivo e, às vezes, surpreende até nós, professores. Aprendemos juntos.

Observar como o aluno justifica sua resposta e explica para o outro seu raciocínio é também um recurso muito interessante não só para o professor – que pode, assim, perceber o caminho do raciocínio e do pensamento do aluno e fazer intervenções mais pontuais, caso seja necessário – como também para o próprio aluno, que "repassa" seu pensamento, expondo-o em palavras que possam ser entendidas; e, muitas vezes, nesse repassar, percebe a incoerência ou o erro.

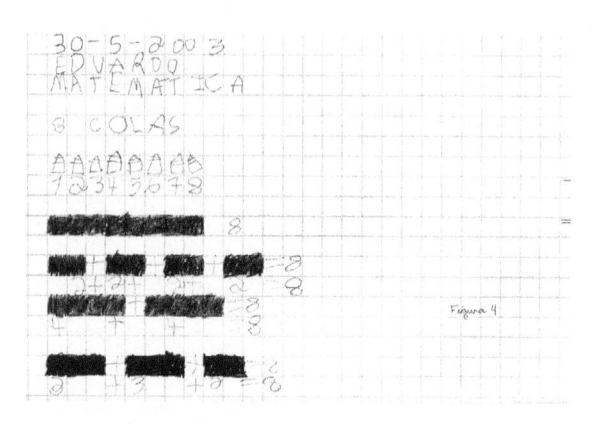

Figura 4 – Atividade no caderno quadriculado – Diferentes formas de representar a quantidade 8, utilizando a linguagem matemática.

Esse trabalho foi desenvolvido com crianças do Infantil 4 (5-6 anos).

A professora, sem que as crianças vissem, colocou, em uma sacola de pano, oito tubos de cola e perguntou a elas o que achavam que havia dentro da sacola. Várias respostas possíveis foram levantadas, e analisaram-se também algumas respostas impossíveis, como, por exemplo, cadeira, cachorro etc. Fizeram uma análise combinatória, isto é, levantaram as possibilidades.

A professora pediu, então, que tocassem na sacola e perguntou a elas se, pelo tato, seriam capazes de adivinhar o que havia ali e quantos objetos eram.

Registraram no caderno quadriculado: "8 COLAS", usando um quadradinho para cada letra ou número.

Perguntou, então, se haveria outras formas de registrar "8 colas". Uma criança sugeriu desenhar as oito colas, uma em cada quadradinho e embaixo os numerais de 1 a 8. A professora entregou oito colas para uma criança e perguntou como ela dividiria as colas entre quatro crianças, de modo que todas ficassem com a mesma quantidade. A criança separou duas colas para cada uma. A professora perguntou como registraria isso (a divisão) na lousa, e a criança fez:

A professora, então, sugeriu que pintassem os quadrados no quadriculado:

Um aluno propôs: "Vamos colocar os sinais de mais e de igual?" A classe concordou; ele os desenhou na lousa e, juntamente com a professora, explicou seus significados. A professora então sugeriu que escrevessem os numerais embaixo dos quadradinhos pintados.

A professora chamou outra criança e pediu que distribuísse as oito colas entre duas crianças; fizeram o mesmo processo anterior. Em seguida, formou grupinhos de duas ou três crianças e propôs que descobrissem outros modos de divisão, mas observou que cada montinho poderia ter quantidade de cola diferente dos demais. Registraram.

Ao observar os grupos trabalhando, a professora percebeu que algumas crianças faziam as divisões com facilidade e outras apenas copiavam o que o grupo havia realizado. Numa situação coletiva, provavelmente essa observação não seria feita. Em outros momentos, em outras situações e com outros objetos, ela retomou esse trabalho com a classe e pôde, inclusive, auxiliar individualmente as crianças (que estavam) com dificuldades.

Figura 5 – Maquete da fazenda

Esta maquete foi construída coletivamente por alunos do Infantil 2 (crianças de 3-4 anos), após um estudo do meio realizado em uma fazenda, dentro do Projeto Integrado de Áreas "Um outro lugar chamado fazenda".

Usaram sucata, papéis, massinha, caixinhas de fósforos, grãos de café colhidos no terreiro da fazenda, etc.

Antes de iniciar o trabalho, assistiram à fita de vídeo do Estudo do Meio, fizeram uma listagem de tudo o que iriam construir, selecionaram os materiais que iriam usar e planejaram a ocupação espacial da base: onde ficaria a sede, o que havia na frente dela, onde ficaria a horta, a tulha, o galinheiro, o pomar, o curral e o terreiro de café. Fizeram os animais com massinha. Pensaram sobre as proporções: qual era mais alta, a sede da fazenda ou a tulha? Se a sede é de determinado tamanho, qual será o do galinheiro? Como usar as caixinhas para fazer uma casa da sede mais alta que o galinheiro? Que formato tinha a horta? E o terreiro? E o lago? Questões e problemas foram sendo apresentados, e as crianças foram buscando possíveis soluções e decidindo ações.

Levantar questionamentos, não dar as respostas prontas, deixar que decidam como fazer, orientar tomadas de soluções coletivas, tais como votação, por exemplo, incentiva a participação e o prazer em construir algo coletivamente: "Nossa classe fez isto!" Todos se sentem co-autores e responsáveis pelo cuidado e preservação da obra construída. É o aluno como ser ativo no seu processo de aprendizagem. Lopes (2003, p. 24) diz: "... Essa visão sobre o ensino, a aprendizagem e a sala de aula precisam ser repensadas, e precisamos perceber que a aquisição do conhecimento é um movimento interativo, no qual o professor aprende ao ensinar, e o aluno ensina ao aprender. Talvez esse seja um eixo essencial para o planejamento de situações didáticas."

Figura 6 – Gráfico: Preferências das crianças por mandioca doce ou salgada

Esse gráfico foi construído pelos alunos do Infantil 4 (5-6 anos) e faz parte do Projeto Integrado de **Áreas** "A Formação do Povo Brasileiro".

Com o objetivo de estudar a formação de nosso povo, os hábitos, os costumes e a língua dos índios foram tema de estudo em sala de aula, de coleta de materiais em casa etc.

Por ser a mandioca um alimento importante na culinária indígena, as crianças e as professoras decidiram prepará-la em nossa cozinha pedagógica. Como tinham a informação de que a mandioca poderia ser preparada de forma doce e salgada, resolveram saber as preferências dos alunos para calcular a quantidade no preparo: mais doce ou mais salgada.

A professora entregou a cada criança um quadriculado para montagem do gráfico e desenhou o mesmo esquema na lousa. As crianças decidiram as cores que representariam a mandioca doce (vermelha) e a salgada (azul), desenharam e escreveram alfabeticamente e de forma coletiva a legenda, de modo a facilitar a leitura.

Numeraram o eixo y (ordenada) de acordo com o número total de alunos na classe (já que todos poderiam escolher o mesmo sabor) e, no eixo x (abscissa), colocaram as legendas (vermelha para mandioca doce e azul para a salgada). Cada aluno fez sua escolha, pintando na lousa o quadradinho da coluna de seu sabor preferido, e completou, simultaneamente, o seu gráfico no papel.

Ao término, analisaram o gráfico e concluíram que 16 crianças prefeririam mandioca salgada e apenas duas, a mandioca doce; portanto, deveriam preparar uma quantidade bem maior de mandioca salgada. É a estatística, com sua coleta, ordenação, representação e análise de dados, auxiliando na busca da resposta mais adequada, ou direcionando o rumo de ações mais apropriadas para a solução de um problema.

Em uma outra sala de aula, a atividade preparatória para a culinária foi realizada de forma diferente, mas também muito interessante e desafiante: as crianças cortaram diversos pedaços de mandioca crua e dividiram, aleatoriamente, a quantidade em dois vasilhames, de modo a preparar mandiocas doces e salgadas. A professora perguntou às crianças se elas sabiam, sem contar, quantos pedaços de mandioca havia em cada vasilha. Algumas crianças fizeram estimativas. Conjuntamente contaram os pedaços de cada vasilha: 45 pedaços para mandioca doce e 47 pedaços para mandioca salgada. Lançou nova pergunta: "Quem sabe me dizer quantos pedaços são ao todo?" As crianças começaram a realizar cálculos mentais, algumas respondendo mais próximo do provável e outras nem tanto. Um aluno respondeu, mexendo a mão: "Mais ou menos uns oitenta e poucos pedaços". A professora pediu que ele explicasse por que achava que era aquele o valor, e ele disse: "Quatro mais quatro é igual a oito, e cinco mais sete é mais ou menos um pouco". Na verdade, ele estava montando mentalmente o algoritmo e fazendo uma estimativa aproximada do valor. O importante nessa atividade foram os questionamentos feitos, a busca de respostas, a reflexão sobre os prováveis, o "brincar" com os números, cálculos e quantidades, mesmo sem ainda conseguir dominá-los. Na educação infantil não temos como objetivo a sistematização de algoritmos.

Figura 7 – "Noite estrelada", Vincent van Gogh, óleo sobre tela, 1889.

As Artes Plásticas são uma outra forma de expressão utilizada pelo homem para externar seus sentimentos, angústias, desejos, impressões etc. A respeito desse quadro, encontramos[1] o seguinte comentário: "Esta intensa pintura de um céu noturno foi feita em St-Rémy-de Provence. A impressionante grandeza e a turbulência do céu estrelado parecem refletir os sentimentos de van Gogh de ser apenas um instrumento no processo criativo do universo. Escrevendo a Théo, ele disse: 'Esta é a eterna questão, a vida é só isto ou conhecemos apenas um hemisfério antes da morte? Quanto a mim, não sei responder, mas a visão das estrelas sempre me fez pensar.'"

As crianças do Infantil 4 (5-6 anos) tiveram oportunidade de se encantar, observar, analisar e expressar seus sentimentos diante de várias obras de arte de artistas consagrados. Durante o desenvolvimento do Projeto Integrado de Áreas "Flores", não só puderam observar o quadro "Os Girassóis", de van Gogh, como também estudaram sua biografia e outras obras produzidas ao longo de sua vida. "Noite estrelada" foi uma delas.

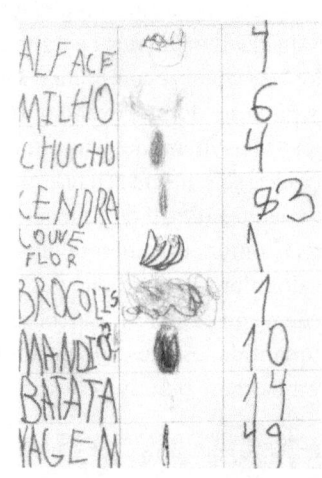

Figura 8a – Tabela das hortaliças compradas na horta de cultivo orgânico.

Essa atividade foi realizada pelas crianças do Infantil 3 (4-5 anos) e é integrante do Projeto de Áreas "Zona Rural".

Com o objetivo de valorizar o trabalho do homem do campo, de conhecer e ver onde são produzidos os alimentos que comemos e seu valor nutritivo para uma dieta equilibrada e saudável, os alunos fizeram um Estudo do Meio em uma horta orgânica. Além de conhecer os cuidados no plantio e cultivo das hortaliças, os nomes de muitas delas e a forma como se desenvolvem (arbusto, sob a terra etc.), as crianças compraram algumas para serem preparadas e consumidas na

---

[1] *Vida e obra de Vincent van Gogh*, de Janice Anderson, 1995, p. 64.

escola. Cada criança levou R$ 1,00 para as "despesas", e, juntamente com as professoras, foram contando as notas e fizeram o pagamento ao horticultor.

De volta à escola, fizeram um "balanço" de tudo o que foi comprado. A professora entregou a cada aluno uma folha com uma grade de três colunas e nove fileiras (nove produtos comprados), e, coletivamente, foram preenchendo a tabela. Na primeira coluna escreveram o nome das hortaliças. A escrita foi feita primeiramente na lousa, onde as crianças foram construindo, conjuntamente, as palavras de forma alfabética. Copiaram na tabela. Desenharam as hortaliças na coluna do meio e, na última, escreveram o numeral correspondente à quantidade comprada. Quando a criança não sabe como escrever determinado numeral – por exemplo, 49 –, recorre ao banco de dados exposto no mural. Nesse banco, há os numerais de 0 a 100, ordenados de modo que as dezenas inteiras fiquem na mesma coluna, facilitando a leitura e a localização. Sempre que necessário, as crianças recorrem ao banco. Se forem capazes de utilizá-lo sozinhas, fazem-no; mas, se ainda necessitam de ajuda, há sempre o professor ou um colega para auxiliá-las. O ato de contar e de quantificar, de representar numérica ou pictoricamente uma quantidade é uma tarefa muito importante (e prazerosa) na Educação Infantil, desde que esteja contextualizada, trabalhada de forma lúdica e tenha um caráter funcional, de utilidade, dentro do trabalho no dia-a-dia. Questões como: Qual compramos mais?; Quais têm a mesma quantidade?; Como, comparando os numerais, ordenar do menor para o maior? são propostas interessantes e desafiadoras que auxiliam a compreensão do número e a relação entre numerais e quantidade.

É interessante observar, na Figura 8b, a tentativa do aluno de representar a quantidade sem usar somente os numerais, mas também desenhando a quantidade de hortaliças compradas.

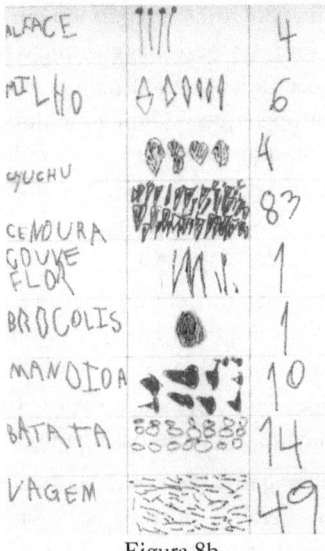

Figura 8b

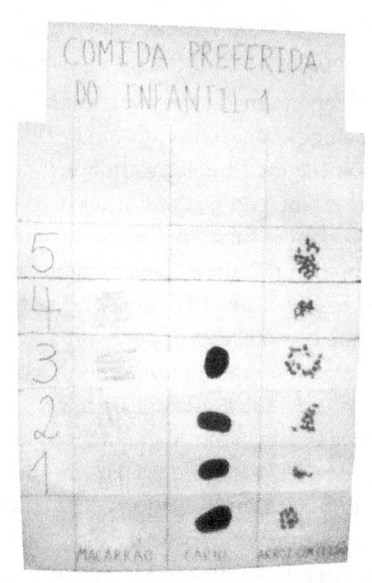

Figura 9 – Gráfico – Comida preferida do Infantil 1.

Esse gráfico foi construído com crianças do Infantil 1 (2-3 anos) e faz parte do Projeto Integrado de Áreas "Pato", que, tradicionalmente, se desenvolve no início do ano letivo e cujo principal objetivo é favorecer a adaptação das crianças no novo espaço escolar (físico, social, emocional). As professoras, na introdução do projeto, contam uma história (elaborada por elas) de uma pata que deixa seus filhos aos cuidados de dona Galinha, pois tem que se ausentar. Um dos patinhos se perde de dona Galinha e de seus irmãos, pois acaba se distraindo por se encantar com tudo o que vê. Durante o período em que busca o caminho de volta, encontra-se com diferentes personagens que o orientam, cuidam dele e acalmam seu medo do desconhecido. Ele finalmente encontra sua mãe e dona Galinha, desesperadas e aflitas, que pedem a ele que sempre fique perto dos adultos, ou que os avise quando tiver que ir a outro lugar. À medida que essa história é contada e recontada, paralelos são feitos, discretamente, entre os sentimentos, emoções e ansiedades vividos pelo patinho e aqueles experimentados pelas crianças nesse período de adaptação.

Dois patinhos (filhotes) são trazidos então para a escola para conviver com as crianças. São sempre dois patinhos, para que um possa fazer companhia ao outro. Os alunos dão nomes a eles, alimentam-nos e preparam até um lago para que eles possam nadar. Seus hábitos, características físicas e necessidades são objeto de estudo e curiosidade por parte das crianças.

Várias narrativas sobre patos são contadas para os alunos, e, como não podia deixar de ser, nessas histórias aparece um lobo louco para comer patos. A questão das preferências gastronômicas do lobo é discutida com os alunos:

lobo come pato não porque é malvado, mas porque é o tipo de alimento de que ele necessita para viver.

Se a comida preferida do pato é milho e se a do lobo é pato, qual será a comida preferida de nossa turma? Essa é uma questão levantada pela professora. As crianças e os adultos que trabalham com essa turma dizem qual o seu prato preferido. A professora registra esses dados em um cartaz: escrita do nome da criança, escrita do prato preferido; a criança desenha, adiante, o que escolheu. Junto com os alunos, a professora marca com cores iguais os pratos iguais ou semelhantes (classificação). Por exemplo: lingüiça, bife, churrasco ou salsicha em vermelho, porque todos são carne. Após essa classificação, os três pratos mais apreciados vão para o gráfico, para uma votação, pois aquele que tiver maior número de escolhas será preparado e degustado pelas crianças na escola.

No gráfico da figura 9, os pratos classificados foram: macarrão, carne e arroz com feijão. A professora monta a estrutura do gráfico, escreve os nomes dos pratos e cola, em fichas brancas, os alimentos no eixo da abscissa. Para substituir a carne *in natura*, fez "bifes" de feltro (isso é conversado com as crianças). Ela também numera o eixo da ordenada. Cada um – criança ou adulto – pega uma ficha branca e cola nela o seu alimento preferido. Em seguida, cola a ficha no gráfico, na coluna correspondente.

É importante que todas as fichas tenham o mesmo tamanho e sejam coladas mantendo a mesma distância, para evitar distorções na leitura do gráfico.

Fazem, então, uma análise dos dados coletados e organizados no gráfico: qual tem mais? Por quê? Quem ganhou? Qual tem menos escolhas? Vamos contar cada um? Os alunos contam coletivamente, e a professora mostra os numerais correspondentes. Em seguida, apresenta-se a questão: qual comida nós vamos fazer? É interessante observar que, apesar de estarem numa fase bastante egocêntrica, todos compreendem e conseguem verbalizar qual a *escolha da turma*, apesar de ter sido outra a escolha pessoal. Além disso, aceitam realizar o preparo culinário escolhido pela classe. Num trabalho de estatística como esse, o pessoal, o próprio, o individual, se dilui frente ao coletivo, pois é este que importa.

Para realizar o preparo do prato escolhido, vão ao supermercado da escola (gôndolas com embalagens vazias e com os alimentos de que precisam) e "compram" os ingredientes. Na cozinha da escola, ajudam a escolher o feijão, a picar as cebolas e o alho, a lavar o arroz, a observar as transformações no aspecto dos grãos, a sentir o cheiro dos temperos sendo fritos e da comida sendo cozida. Arrumam a mesa, preparam o suco. Pronta a refeição, alguns conseguem se servir, comem com autonomia, escolhendo garfo ou colher e usando o guardanapo. Alguns sentem falta de "uma carninha", como em casa, e outros, na hora da saída, já estão prontos para uma sesta!

Figura 10 – Música: Ópera "O Guarani", de Antonio Carlos Gomes

Dentro do Projeto Integrado de Áreas "Formação do povo brasileiro" (Infantil 4), já mencionado aqui, há um trabalho com o conceito *miscigenação*, pois ele é fundamental dentro do tema e possibilita trabalhar os valores humanos, como o respeito à diversidade de raças e a compreensão de nossa identidade como povo brasileiro.

O romance de José de Alencar (1829-1877), *O Guarani*, é narrado resumidamente aos alunos: os personagens Cecília (Ceci), filha de portugueses, e Peri, índio goitacá, apaixonam-se. Há entre eles grandes diferenças culturais, econômicas e raciais. Após vários dramas, intrigas e guerras, o autor, nas últimas linhas do romance, sugere que Ceci e Peri permanecerão juntos e que a união dessas duas raças contribuiria para a formação do povo brasileiro.

Como será o filho deles? Como serão as características físicas de um filho ou uma filha de branco com índio? Os alunos estudam então a miscigenação dessas duas raças e o aparecimento do mameluco, que, aqui em São Paulo, é conhecido como caipira.

Além do romance, as crianças ouvem a ópera "O Guarani", de Antonio Carlos Gomes (1836-1896), músico campineiro que a compôs a partir do romance homônimo de José de Alencar. Carlos Gomes – onde viveu, quando viveu, como representou o povo brasileiro no exterior, que outras obras compôs – foi objeto de estudo e curiosidade para alunos e professores. Visitaram o Museu Carlos Gomes, onde puderam ver seu piano, batutas e partituras originais e trecho de um vídeo da ópera "O Guarani", encenada na Itália. Visitaram também o seu monumento-túmulo no centro da cidade. Uma de nossas professoras, Sílvia Panattoni Martins, que também é pianista, tocou o "O Guarani" em um piano de cauda do auditório do museu, para encanto das crianças e adultos presentes. Observaram as partituras com sua escrita particular, própria para a linguagem musical. Aguçaram a percepção dos sons e do silêncio: altura, duração, intensidade e timbre, numa produção musical que se tornava cada vez mais significativa para eles. Sentiram o prazer de escutar.

Poema: A função da arte/1 de Eduardo Galeano – *O livro dos abraços*

A linguagem poética é outra forma de expressão. O texto abaixo foi usado pelas professoras de Infantil 1 (2-3 anos) no final de uma reunião de pais, cujo tema era a preparação conjunta escola-família do processo de adaptação das crianças na nossa escola.

> Diego não conhecia o mar. O pai, Santiago Kovadloff, levou-o para que descobrisse o mar.
> Viajaram para o Sul.
> Ele, o mar, estava do outro lado das dunas altas, esperando.
> Quando o menino e o pai enfim alcançaram aquelas alturas de areia, depois de muito caminhar, o mar estava na frente de seus olhos. E foi tanta a imensidão do mar, e tanto seu fulgor, que o menino ficou mudo de beleza.
> E quando finalmente conseguiu falar, tremendo, gaguejando, pediu ao pai:
> – Me ajuda a olhar!

Acho que é esta a nossa função como educadores: olhar e ajudar a olhar!

Considerações

Diversas atividades foram apresentadas, algumas delas envolvendo (partindo de) obras de arte famosas. Diferentes linguagens utilizadas pelo homem para ler o mundo à sua volta e, conseqüentemente, sentir e pensar sobre ele e expressar essa sua leitura foram rapidamente objeto de nosso estudo.

Sentir, perceber, compreender, interpretar e comunicar serão sempre necessários em nossa busca da compreensão do mundo e de nós mesmos.

Numa mesma atividade, é possível trabalhar conceitos de diferentes áreas do conhecimento, como Matemática, Português, Ciências, Geografia, História, Arte etc., assim como trabalhar valores humanos – respeito à diversidade de raça, competências, habilidades, credos [...]; respeito ao meio ambiente e ao próprio corpo; busca da própria identidade, de seu grupo, de seu país etc. Uma área não é mais importante que outra. Priorizar uma em detrimento de outra é tirar da criança a oportunidade e o direito de desenvolver o pensamento, o raciocínio, o sentimento, a emoção... em relação a este mundo tão grande, complexo e maravilhoso que a rodeia.

A contextualização das atividades é fundamental: qual sua funcionalidade, para que vou usá-las? Elas me ajudarão a responder quais questões? Elas têm a ver comigo e com meu grupo hoje, agora, neste momento, neste espaço e tempo historicamente e geograficamente constituídos? Elas precisam ter significado agora, e não para um futuro longínquo.

Por meio de diferentes formas de expressões (aqui só apresentei algumas), podemos fazer diferentes tipos de leitura, algumas mais, outras menos significativas para cada um de nós. Duas pessoas, diante de uma mesma imagem, melodia, gesto..., podem fazer leituras diferentes, influenciadas pela sua história de vida pessoal, social e cultural, pelos conhecimentos prévios, pelas emoções despertadas etc. Todos nós, certamente, após cada leitura e interpretação, não seremos mais os mesmos.

Podemos e devemos utilizar diferentes formas de expressão, usando a linguagem específica de cada uma. Depois de comunicado o pensamento, o sentimento..., eles já não mais nos pertencem. E isso é fantástico! É a socialização do saber: ninguém é dono do saber e do conhecimento. Como disse Celi Aparecida Espasandin Lopes, nossa coordenadora da área de Matemática: [o prazer do conhecimento está em nunca poder possuí-lo].

Com a matemática e a alfabetização não é diferente. Quando penso em alfabetização como leitura de mundo, compreensão, interpretação, reflexão, comunicação, ação, não penso só na língua materna. Ao escrever e ler, usamos diversas linguagens, mas aqui enfocamos principalmente a língua materna e a linguagem matemática, pois este é o tema deste trabalho.

A linguagem matemática ou a alfabetização matemática, a meu ver, não envolve a escrita e a leitura apenas de números e cálculos mas também de espaços, forma, medidas, grandezas, tratamento de informações – combinatória, probabilidade e estatística; uso de, por exemplo, unidades de medidas não-convencionais; construção, leitura e análise de gráficos e tabelas; registro e organização de informações coletadas etc, ou seja, leitura e escrita do mundo em que o indivíduo está inserido.

As alfabetizações da língua materna e da matemática têm muito mais em comum do que a princípio podemos imaginar. Percebo alguns pontos em comum e complementares em ambas:

1. As crianças trazem conhecimentos do seu universo social e familiar, quando se inicia um trabalho formal de ensino-aprendizagem na escola.

2. O processo de aquisição do conhecimento é passível de uma ação intencional, sistemática, mediadora e "interventora" do professor.

3. A criança constrói o conhecimento estando em interação/ação e reflexão sobre o objeto do conhecimento (letras, palavras, textos, números, medidas, espaço, tempo, formas...). Aquilo que não conhecemos, que não vivemos, não experimentamos, que não é objeto do nosso pensar e do nosso sentir não nos pertence.

4. A relação e a inter-relação com o outro são imprescindíveis na aprendizagem. (Aprendo com o meu parceiro, escrevo para que alguém leia.)

5. Ler, escrever, falar, contar, medir, comparar, calcular, buscar soluções, interpretar e analisar são instrumentos para o indivíduo produzir, comunicar, transmitir sua cultura e apropriar-se do conhecimento.

6. A análise, a reflexão, a crítica e a ação sobre o meio sociopolítico em que está inserido são condições essenciais para que o indivíduo exerça sua cidadania.

7. As linguagens, embora diferentes, têm a mesma finalidade: a comunicação entre os indivíduos.

8. O trabalho para que a criança venha a ler e escrever implica colocá-la em contato com a língua materna nas suas mais diferentes situações, enquanto a tarefa de preparar uma criança para contar, calcular, estimar, escrever, ler, interpretar e analisar tabelas e gráficos, dividir espaços e objetos e raciocinar levantando possibilidades e probabilidades requer que seja posta em contato com diferentes situações problemáticas e instigadoras presentes no seu dia-a-dia.

9. A aquisição da escrita, da leitura e de conceitos matemáticos (que são processos diferentes) não pode prescindir dos seguintes processos, todos eles de fundamental importância:

- a formulação de hipóteses por parte das crianças e conseqüente avaliação dessas hipóteses;

- o diálogo entre professor, aluno e objeto de conhecimento;

- envolvimento, por parte do aluno, para tentar, agir, errar, repensar, refazer...

- percepção das funções pessoais e sociais dos conhecimentos que estão sendo construídos (para que servem e como são usados nas interações sociais – valor pessoal e social da escrita, qualquer que seja ela);

- atividade interna constante por parte do aluno. As crianças devem ser estimuladas a estabelecer relações entre os novos conhecimentos de que vão se apropriando e aqueles que já possuem, usando para isso, recursos próprios (de que dispõem). Tudo isso lhes possibilita modificarem o que já sabiam, comprovando ou não as suas hipóteses iniciais, e ampliarem seu saber, tornando essas atividades significativas;

- a aprendizagem só será significativa se estiver contextualizada no dia-a-dia, no mundo onde o sujeito está inserido, e também ancorada em conhecimentos prévios, devendo ser, acima de tudo, lúdica e prazerosa.

10. Uso de *signos* para comunicar significados.
11. Matemática, Português, Literatura, História, Geografia, Ciências, Artes, Educação Física... não precisam e não devem ser ensinadas e aprendidas separadamente, como entidades estranhas. Podem e devem ser trabalhadas de forma interdisciplinar, contextualizadas, de maneira prazerosa e lúdica.
12. A criança, em ambas as alfabetizações, percorre, durante o processo de aprendizagem, caminho semelhante ao que a civilização percorreu para construir esse universo convencional de símbolos e signos .
13. As linguagens se misturam: usamos a língua materna para expressar melhor as idéias matemáticas e empregamos idéias e conceitos matemáticos muitas vezes como metáfora, para que a língua materna seja melhor compreendida. Por exemplo: "Isto está muito quadradinho, vamos rever."; ou: "Apesar de nossas diferenças temos um denominador comum."; ou, ainda: "É preciso somar nossos esforços e dividir as responsabilidades."; ou "É preciso apararmos as arestas".
14. A abstração está presente nas duas linguagens, pois usam signos para *representar* idéias, sentimentos, reflexões, para registrar observações...

O professor alfabetizador necessita conhecer a língua, conhecer como ela é aprendida, qual o processo pelo qual uma criança passa para adquiri-la, dominá-la. Assim também o professor alfabetizador matemático necessita conhecer os conceitos e idéias matemáticas e os processos pelos quais a criança constrói esses conceitos. Esse perfil investigativo do professor é básico para que exerça realmente seu papel de educador e transformador de práticas sociais. Ter esses conhecimentos sobre a língua e a matemática e sobre como ensiná-las é de grande valia para que o professor compreenda seu objeto de trabalho e possa cuidar adequadamente da definição dos objetivos a serem alcançados, da seleção dos conteúdos e atividades a serem desenvolvidos, assim como da avaliação dos processos e produtos de aprendizagem dos alunos e de sua própria atuação como "ensinante".

E o professor *não faz isso sozinho*: precisa discutir, trocar, aprender com seus parceiros e com outros profissionais da educação. É preciso um investimento pessoal em leituras, em busca de maiores informações teóricas, assim como uma investigação e reflexão sobre sua própria prática. Teoria e prática se completam e procuram um entendimento e coerência; o pessoal e o social também se complementam, se acrescentam, crescendo, investigando e transformando.

> A possibilidade de transformação do sujeito se realiza quando, após ler, ele modifica seus atos de pensar e de agir. A transformação do homem, após a leitura, é um lançar-se para novas compreensões. É refletindo sobre o lido e buscando novas leituras que o leitor, dirigido por sua interrogação e impulsionado por sua vontade de conhecer mais, pode participar de forma ativa, crítica e reflexiva do lugar onde vive.(DANYLUK, 1998, p. 19)

"AO CONTRÁRIO, AS CEM EXISTEM"

Loris Malaguzzi[2]

A criança
é feita de cem.
A criança tem cem mãos
cem pensamentos
cem modos de pensar
de jogar e de falar.
Cem sempre cem
modos de escutar
de maravilhar e de amar.
Cem alegrias
para cantar e compreender.
Cem mundos
para descobrir.
Cem mundos
para inventar.
Cem mundos
para sonhar.
A criança tem
cem linguagens
(e depois cem cem cem)
mas roubaram-lhe noventa e nove.
A escola e a cultura
lhe separaram a cabeça do corpo.

Dizem-lhe:
de pensar sem as mãos
de fazer sem a cabeça
de escutar e de não falar
de compreender sem alegrias
de amar e de maravilhar-se
só na Páscoa e no Natal.
Dizem-lhe:
de descobrir um mundo que já existe
e de cem roubaram-lhe noventa e nove.
Dizem-lhe:
que o jogo e o trabalho
a realidade e a fantasia
a ciência e a imaginação
o céu e a terra
a razão e o sonho
são coisas
que não estão juntas.
Dizem-lhe enfim:
que as cem não existem.
A criança diz:
ao contrário, as cem existem.

---

[2] Pedagogo, diretor da revista "Bambini", presidente do Gruppo Nazionale Nidi-Infanzia, ex-diretor do Projeto Zerosei em Reggio Emilia, região Centro-Norte da Itália.

Referências

ALENCAR, José de. *O Guarani*. São Paulo: Ática, 1990.

ANDERSON, Janice. *Vida e obra de Vincent van Gogh*. Rio de Janeiro: Ediouro, 1995.

DANYLUK, Ocsana. *Alfabetização Matemática – as primeiras manifestações da escrita infantil*. Porto Alegre: Editora Sulina; EDIUPF,1998.

EDWARDS, Carolyn; GANDINI, Lella; FORMAN, George. *As cem linguagens da criança: a abordagem de Reggio Emilia na educação da primeira infância*. Porto Alegre: Artes Médicas Sul, 1999.

GALEANO, Eduardo. *O livro dos abraços*. Porto Alegre: LPM Editores, 2003.

LERNER, Delia; SADOVSKY, Patrícia. El Sistema de numeracion: um problema didactico. In: PARRA, Cecília; SAIZ, Irma (Orgs.). *Didática de matemáticas, aportes y reflexiones*. Argentina: Paidós Educador, 1994.

LOPES, Celi Aparecida Espasandin, MOURA, Anna Regina (Orgs.). *Encontro das crianças com o acaso, as possibilidades, os gráficos e as tabelas*. Campinas: Editora Graf. FE/Unicamp – Cempem, 2002. (Coleção Desvendando mistérios na educação infantil; vol. I).

LOPES, Celi Aparecida Espasandin, MOURA, Anna Regina (Orgs.). *As crianças e as idéias de número, espaço, formas, representações gráficas, estimativa e acaso*. Campinas: Editora Graf. FE/Unicamp – Cempem, 2003. (Coleção Desvendando mistérios na educação infantil; vol. II).

LOPES, Celi Aparecida Espasandin, MOURA, Anna Regina (Orgs.). *O conhecimento profissional dos professores e suas relações com estatística e probabilidade na educação infantil*. Campinas: FE/Unicamp, 2003, 281p. (Tese de Doutorado).

SALGADO, Sebastião. *Retratos de crianças do êxodo*. São Paulo: Companhia das Letras, 2000.

Diversos caminhos de formação: apontando para outra cultura profissional do professor que ensina Matemática

Diana Jaramillo
Maria Teresa Menezes Freitas
Adair Mendes Nacarato

Numa proposta cada vez mais ampla, o Congresso de Leitura do Brasil – COLE, em seu 14º encontro, incluiu um Seminário sobre Educação Matemática, numa explícita demonstração de interesse e consideração pelas diversas instâncias onde se promove e produz leitura.

Em sintonia com as idéias dos organizadores do evento, a coordenação do I Seminário sobre Educação Matemática propôs, para seu encerramento, a mesa-redonda "Os processos de formação dos professores que ensinam Matemática: uma leitura a partir do COLE", sob a coordenação de Celi Aparecida Espasandin Lopes e tendo como componentes as autoras deste artigo.

O objetivo desse momento final era realizar uma síntese das discussões ocorridas durante o seminário – nas mesas-redondas, comunicações e sessões. Na verdade, tratava-se de um desafio, visto que a equipe responsável pela mesa deveria acompanhar todo o trabalho desenvolvido e trazer para o debate as implicações para a formação do professor. Seria a possibilidade de compor, de forma harmônica, a exposição da memória dos acontecimentos.

Foram identificados três eixos nos trabalhos apresentados: saberes dos professores; a produção escrita e a leitura na sala de aula; outras inter-relações emergentes na sala de aula e na constituição do professor.

O presente texto, produzido *a posteriori*, constitui-se na memória desse evento e aponta implicações para a formação do professor que ensina Matemática. Além dos momentos nos quais as autoras participaram e puderam apreender o movimento das idéias e discussões, foi tomado, ainda, como material de consulta, o caderno de resumos do 14º COLE.

Os saberes dos professores:
um com-partilhar de experiências

Os saberes dos professores são compreendidos neste texto como os conhecimentos produzidos por eles – ao longo de sua vida acadêmica e profissional – a partir de suas experiências próprias. Experiências vivenciadas e sentidas pelo professor em sua prática pedagógica. E dizemos experiências, concordando com Larrosa (1998); para esse autor, a experiência "não é o que se passa, nem o mero se passar, senão o que nos passa"(LARROSA, p. 468), isto é, a experiência é o sentido que damos ao que nos passa.

Tais saberes se manifestaram a partir de relatos da experiência dos participantes do COLE. Foram os professores das diferentes instituições escolares os que trouxeram experiências e conhecimentos produzidos através de sua formação – quer da pedagogia, quer da Matemática – e foram eles os que nos relataram esses saberes. Assim, os saberes dos professores serão traduzidos neste texto a partir da leitura que fizemos, quando compartilharam conosco os relatos de sua experiência. Sobre essa leitura, é importante esclarecer que não foi qualquer compartilhar do professor o que aconteceu. Naquele momento, compartilhar era com-partilhar: "Artilhar com o outro, dividir com o outro, para que esse outro tivesse ou tomasse parte na vida dele".[1]

Vejamos alguns exemplos trazidos das falas dos colegas professores. Na verdade, não são exemplos de saberes em si mesmos, mas, sim, das experiências que possibilitaram a produção desses saberes. Os saberes da experiência são produzidos por cada um de nós a partir da leitura que fazemos sobre as experiências próprias ou alheias. Nesse sentido, nos diz Larrosa (1998, p. 23): " Saber da experiência é um saber adquirido no modo como cada indivíduo responde ao que lhe acontece ao longo da vida". Um saber que, segundo esse autor, é

> finito, ligado à maturidade de cada indivíduo, um saber que revela ao homem sua própria finitude. [...] sÉ um saber subjetivo, pessoal. [...] É um saber que não pode se separar do indivíduo em quem encarna [isto é, não é um saber exterior ao indivíduo (esse saber não vem de fora)].

OS SABERES MANIFESTADOS, AS EXPERIÊNCIAS COMPARTILHADAS

A professora Aline Cristina Welendort, através de seu "Nicolau contando as horas (base sessenta)", sensibilizou-nos para o exercício docente e para a compreensão da criança que está lá na escola. Sensibilizou-nos, também, para a motivação que um projeto diferente pode trazer para um aluno e como,

---

[1] Segundo o Dicionário Aurélio – Século XXI.

a partir desse projeto, se pode gerar uma outra cultura matemática na criança, na família, na escola, enfim, na comunidade toda.

Quatorze professores do nomeado "Grupo do Sábado"[2] nos contaram, em sua intervenção "Refletir, investigar e escrever sobre a prática em Matemática: histórias do Grupo de Sábado", como cada um começou a refletir, ler, investigar e escrever sobre a própria prática a partir e através de sua participação num grupo de professores de escola e professores universitários – (um grupo) caracterizado, fundamentalmente, pela colaboração. Contaram-nos, também, como esse processo contribuiu para o seu desenvolvimento profissional e para a melhoria de sua prática docente. Mergulhando posteriormente no livro que eles produziram, *Histórias de aulas de Matemática: compartilhando saberes profissionais*,[3] evidenciamos que essa colaboração não era qualquer tipo de colaboração: tratava-se então de uma co-laboração, como dito por Pinto[4] (2002, p. 175):

> Trabalhar junto, no sentido de que, ao ajudar você, ao colaborar com você, também me ajudo, colaboro comigo mesma. Nossas vozes são enunciadas do lugar que cada um ocupa, mas todos trabalhamos juntos, somos ajudados, nos ajudamos e ajudamos os outros.

Cinco relatos de experiências foram narrados pelas professoras participantes do Grupo de Estudos e Pesquisa sobre o Conhecimento Matemático (Gepcom), da Escola Comunitária de Campinas, na apresentação "O ensino de matemática e o trabalho com projetos".[5] Esse grupo nasceu da vontade de algumas professoras aprofundarem seus conhecimentos matemáticos e repensarem suas práticas.[6] Pretendeu-se, com esses relatos, socializar as práticas pedagógicas das professoras, repensadas a partir da participação no grupo. Foram analisadas as atividades elaboradas pelas docentes e inseridas nos projetos desenvolvidos com as crianças, enfatizando o envolvimento, a percepção e o desenvolvimento destas. Na concepção de ensino da Matemática, nesse grupo, foram consideradas as perspectivas da linguagem, da história e da ciência para a abordagem do conhecimento.

---

[2] Grupo do Sábado (GdS), Cempem, FE-Unicamp. Esse grupo estava conformado pelos professores: Adilson Roveran; Alfonso Jiménez; Conceição Paratelli; Dario Fiorentini; Eliane Cristóvão; Helena Lisboa; Juliana F. Castro; Marcelo F. de Oliveira; Maria das Graças Abreu; Marli Terezinha dos Santos; Regina Barreiro; Rodrigo L. de Oliveira; Rogério Ezequiel; Roseli Freitas.

[3] Fiorentini e Jiménez (2003).

[4] Renata Pinto foi uma das gestoras do "Grupo do Sábado" e, com sua tese de doutorado, foi uma das geradoras dessa experiência em particular.

[5] Os relatos foram apresentados pelas professoras Analícia Bressane Lazaretti Froldi, Analuísa Bressane Lazaretti Domene, Carmen Regina Pântano, Mileine Beck Goulart e Solange Aparecida Correa.

[6] Segundo as professoras do Cempem, o objetivo central do grupo era gerar um processo de desenvolvimento profissional de cada membro, sendo que a autogestão do grupo definia o percurso a ser trilhado por ele, determinando as temáticas a serem estudadas e pesquisadas.

Outros cinco relatos de trabalhos também desenvolvidos naquela escola, dentro do Grupo de Estudos e Pesquisa sobre a Estatística e a Probabilidade na Educação Infantil (Gepepei), compuseram a apresentação "A estatística e a probabilidade nos projetos integrados da Educação infantil"[7] e referiram-se a um referencial teórico que focalizava o desenvolvimento da probabilidade e da estatística na humanidade, além das contribuições que o raciocínio combinatório e o pensamento probabilístico e estatístico podem trazer à formação global das crianças. Esses relatos nos mostraram como a abordagem educativa ocorre, priorizando-se o contexto das crianças e promovendo a resolução de problemas que fossem reais e significativos para elas. Dessa forma, as idéias sobre combinatória, probabilidade e estatística foram abordadas nos projetos integrados desenvolvidos com os grupos de crianças das diversas faixas etárias.

O projeto da professora Andréia Cristina do Carmo[8] esteve "Viajando pela história da Matemática", com o intuito de ampliar os conhecimentos de seus alunos acerca dos diversos sistemas de numeração. Para isso, a professora criou um "cenário" de cada civilização estudada – reunindo vídeos, fotos, mapas, textos e figuras – que contextualizava o modo de viver e de pensar de cada povo.

O professor Geraldo Majela da Silva,[9] com seu relato de experiência "Matemática no jogo de xadrez", desafiou os colegas a utilizar o tabuleiro de xadrez para possibilitar a exploração, nos alunos, de diferentes situações-problema que envolviam Aritmética, Álgebra e Geometria.

No projeto "Origem da vida", a professora Gloria M. A. Ramos[10] compartilhou conosco sua experiência, na qual, como "formadora de professores", conseguiu que diversos componentes curriculares se integrassem e o tema se convertesse em objeto de reflexão da comunidade durante todo o ano letivo, desenvolvendo procedimentos e atitudes interdisciplinares e de pesquisa.

Outra "formadora de professores", a professora Valdete Aparecida do Amaral Miné[11] nos envolveu no seu relato "O ensino de Geometria nas séries iniciais do ensino fundamental", com seu questionamento: "O que fazer para melhorar o ensino da Geometria nas sérias iniciais?"

E a experiência compartilhada pela professora Sandra Augusta dos Santos,[12] que, desde o nível do ensino universitário, nos narrou como – através dos mapas

---

[7] Os relatos foram apresentados pelas professoras Adriana Meirelles Monteiro Tella, Maria Aparecida Kosbiau, Maria Ida Langella Testolino, Raquel Bolsonaro de Figueiredo e Sue Fernandez Kovac Capp.

[8] Essa professora fazia parte da Prefeitura Municipal de Paulínia (SP) e do LEM/Imecc/Unicamp.

[9] O professor pertencia à Coordenadoria de Educação – Subprefeitura de São Miguel (SP).

[10] A professora atuava no Colégio Dom Quixote do Rio de Janeiro.

[11] Professora da SMEC/Atibaia.

[12] A professora fazia parte do Imecc/Unicamp.

conceituais, das cartas à tia Belarmina, da biografia escolar e dos diários, entre outros instrumentos – esteve tentando explorar a linguagem e a comunicação nas salas de aula de Geometria na Unicamp.

A CONSTITUIÇÃO DESSES SABERES NOS PROFESSORES; POR QUÊ?

Algumas reflexões sobre esses relatos compartilhados nos permitiram conjeturar que esses saberes se constituem nos professores pela necessidade e capacidade de *sentir* a prática pedagógica que eles realizam. E dizemos *sentir* no sentido compreendido por Larrosa (1998, p. 114); para esse autor, "sentir é já interpretar, ler". Isto é, à medida que o docente vai realizando sua prática pedagógica, desde um olhar reflexivo, ele vai interpretando, lendo essa prática. Assim:

- Os professores *sentem* a necessidade de contribuir na aprendizagem dos alunos. Frases proferidas no COLE pelos professores participantes assim o manifestaram: "criar alguma coisa para ver se as crianças se cativam"; "a gente precisa propiciar momentos para as crianças"; "entrar o sistema numérico decimal na sala de aula,... de outra forma".
- Os professores *sentem* a necessidade de levantar a auto-estima dos alunos. Um *sentir* manifestado por um dos professores como a "preocupação que supera o ensino de Matemática e vai para a auto-estima do aluno".
- Os professores *sentem* a necessidade de aprender mais; "à medida que ensino, aprendo, eu quero aprender", disse um docente.
- Os professores *sentem* a necessidade de superar suas angústias, suas frustrações, seus dilemas, suas incertezas – em termos dos conteúdos matemáticos e das estratégias metodológicas. "Nossa, eu não sei o que fazer, eu tenho dúvidas em Matemática, não sei como ensinar Geometria, não sei como ensinar o tempo, por exemplo", narrou-nos um docente.

A CONSTITUIÇÃO DESSES SABERES NOS PROFESSORES; COMO?

Consideramos que os saberes, como dito por Jaramillo (2003), vão se constituindo desde e a partir de diferentes *fontes*. Uma delas diz sobre a formação inicial, quer na Pedagogia, quer na Matemática. Uma formação que, dado o paradigma de formação que tradicionalmente tem acompanhado as nossas instituições – e manifestou-se nas vozes dos professores participantes do COLE –, poderíamos dizer, pouco ou nada contribuiu para dar conta da complexidade que a prática pedagógica envolve. Nas palavras de uma professora participante, "um curso péssimo, por isso fui procurar o curso de especialização". Essa formação, na maioria dos casos, ainda está ancorada no modelo da racionalidade técnica. Nesse sentido, Alarcão (1996, p. 13) diz:

Nas instituições de formação, os futuros profissionais são normalmente ensinados a tomar decisões que visam à aplicação dos conhecimentos científicos numa perspectiva de valorização da ciência aplicada, como se esta constituísse a resposta para todos os problemas da vida real. Porém, mais tarde, na vida prática, encontram-se perante situações que, para eles, constituem verdadeiras novidades. Perante elas, procuram soluções nas mais sofisticadas estratégias que o pensamento racionalista técnico lhes ensinou. A crença cega no valor dessas estratégias não os deixa ver, de uma maneira criativa e com os recursos de que dispõem, a solução para os problemas. Sentem-se então perdidos e impotentes para resolvê-los. É a síndrome de se sentir atirado às feras, numa situação de salve-se quem puder ou de toque viola quem tiver unhas para tocar.

Pensamos que os programas de formação inicial de professores ainda estão longe de atender à realidade das instituições escolares, na qual os professores se sentem, na maioria dos casos, sufocados. Isto é, a relação entre a formação inicial e a prática pedagógica vem se constituindo numa dicotomia. De um lado, estão as instituições que formam o docente, com seus discursos, suas teorias, e, de outro, a escola e a prática pedagógica "do professor da vida real".[13]

Uma formação que, como diria Lacerda (1986, p.198), é "bonita para tese. Mas, no real, a escola é de massa", expressão apoiada pelo discurso de uma das professoras da platéia: "A construção do eu, enquanto professora, é lá, na escola".

Outra *fonte* que contribui para essa formação é a experiência profissional do docente. Uma experiência que, como dito por Larrosa (1998), Fontana (2000) e Jaramillo (2003), se constitui desde a experiência pessoal de cada professor, mas que sempre está mediada por outros: livros, colegas, alunos,..., anônimos. Isto é, o professor vai constituindo sua experiência a partir da leitura que faz desses outros.

Larrosa (1998), num exercício no qual descreve as possibilidades que podemos *sofrer* na leitura de um texto que nos *dá a pensar*, não sobre o texto, mas, sim, sobre nós mesmos (texto entendido como um outro: sujeito, *acontecimento*, livro etc.), encontra três possibilidades: a primeira, "que nada se passe conosco", e utiliza uma metáfora baseando-se em Kafka, "o mar congelado que levamos dentro"; a segunda, "que o que se passe conosco esteja dentro do previsto";

---

[13] Entendemos, com Jaramillo (2003), o "professor da vida real" como aquele professor que está quotidianamente ministrando aula na escola e interagindo com a realidade da escola pública e/ou particular. Um professor que constantemente está enfrentando os dilemas entre o que deveria ser e fazer e o que realmente é e faz. O professor que está continuamente *renormatizando* ou "(re) elaborando" seu trabalho entre o trabalho prescrito e o trabalho real (SCHWARTZ, 1998, 2001). O professor que está sempre confrontando a prática docente que ele "sonha" com a que "deve realizar", por quaisquer que sejam os fatores que o condicionem.

e a terceira seria "a produção disto e daquilo", ou seja, utilizando outra metáfora de Kafka, seria como se algo nos houvesse "golpeado o crânio".

Os professores que com-partilharam conosco essas experiências foram "golpeados no crânio" e por isso estiveram lá narrando seus saberes.

Sim, os professores constituíram esses saberes também a partir da leitura de textos e livros didáticos. Leituras que, para os educadores, poderiam contribuir, como diria um dos professores participantes no COLE, para "quebrar o currículo, procurando subsídios teóricos com autores". Os livros se constituem em vozes que lhes mostram, aos professores, possibilidades outras de pensar o exercício da profissão docente. Vozes que confirmam ou confrontam sua própria experiência pedagógica (JARAMILLO, 2003). A leitura, diz Larrosa (1998, p. 104),

> não pode ser mais que uma in-citação ou uma ex-citação ou, quando muito, uma preparação formal, uma educação "dos modais da inteligência". Os livros devem ativar a vida espiritual, mas não conformá-la, devem dar a pensar, mas não transmitir o já pensado, devem ser um ponto de partida e nunca uma meta.

Outros, considerados colegas ou parceiros, também ajudam a constituir esses saberes. Docentes participantes do COLE lembraram conosco: "A gente procurava pessoal de apoio"; "Refletir com o outro, não sozinho. A gente sabe que refletir sozinho não dá certo, então procura o outro"; "A narrativa de outro colega desperta você"; "O fato de escutar a narrativa de outro me desperta para o saber; na escola discuto; estou na possibilidade de discutir com alguém na escola". Parece-nos aqui que, com essas palavras, os professores estavam trazendo a necessidade de refletir sobre um assunto específico, nesse caso sua prática pedagógica, com outras pessoas que pudessem ter uma visão diferente sobre o assunto em questão. Lembremos as palavras de Deleuze (1987, p. 22): "Nunca se aprende fazendo como alguém, mas fazendo com alguém".

Mas existe um outro que, do nosso ponto de vista, é de muita importância, se consideramos que os processos de ensino e de aprendizagem numa sala de aula se entretecem dialeticamente: o aluno. Disse-nos a professora Andréia: "Doze anos de estrada, já tive muita gente no dia-a-dia na sala de aula". O professor interpreta-se e constitui-se, também, por intermédio dos alunos, e os alunos interpretam-se e constituem-se, também, por intermédio do professor. O conhecimento e a compreensão do fazer na sala de aula – tanto do professor quanto do aluno – viabilizam-se graças à mediação de seu parceiro social (FONTANA, 2000). Parece-nos que os docentes nos disseram o que Fontana (2000, p. 123) já tinha escrito: "Também ensinamos aprendendo e aprendemos ensinando com nossos alunos". Os saberes dos professores também se constituem em relação ao aluno: "O ensinar e o aprender são produzidos entre os alunos e a professora. Um se constitui em relação ao outro" (FONTANA, 2000, p.159).

Os professores relatam as suas experiências para outros; para quê?

"É uma experiência válida que a gente tem que compartilhar", disse um dos participantes no COLE. E essa expressão instigou-nos a uma reflexão: e, afinal, o que é que nós com-partilhamos? Com-partilhamos experiências? Com-partilhamos acontecimentos? Com-partilhamos aprendizagens? Com-partilhamos o saber de experiência?

Jaramillo (2003) expressa uma resposta para esses questionamentos: quando dois sujeitos juntam-se para com-partilhar, com-partilham o saber de experiência: *meu saber de experiência* junto ao *teu saber de experiência*. E esses saberes são explicitados nas vozes dos sujeitos. Assim,

> eu posso ou não fazer desse teu saber [tua voz] uma experiência para mim e tu podes ou não fazer desse meu saber [minha voz] uma experiência para ti. E penso que esse "posso ou não/podes ou não" vai depender de diversas coisas: primeiro, da "tecedura de acontecimentos" de cada sujeito; segundo, da relação monológica ou dialógica que se entreteça entre os sujeitos; terceiro, das diferentes tonalidades dialógicas que se estejam manifestando na interlocução desses sujeitos; quarto, da capacidade de sentir dos sujeitos envolvidos. (Jaramillo, 2003, p. 179)

Ou seja, o fato de compartilhar os saberes de experiência não garante que o ouvinte converta esse saber de experiência do outro em experiência própria. A experiência só se produz se ocorrem essas condições de possibilidade, mas a experiência não se subordina ao possível (Larrosa, 1998).

Porém, no COLE, os professores relataram essas experiências com o intuito de que se convertessem em experiências para os outros. Poderíamos afirmar, quase com certeza, que, nesse espaço, se deram ao menos três condições para que isso acontecesse: foi um espaço no qual prevaleceram a dialogia, as devidas tonalidades dialógicas e a capacidade de *sentir* dos envolvidos – que estavam à flor de pele.

Validar o saber com seus pares é outro motivo pelo qual os professores nos relataram suas experiências. O professor, ao validar com seus colegas o saber produzido, passa a se reconhecer como sujeito capaz de produzir conhecimento para si mesmo e também para outros.

Os professores com-partilham seus saberes e com eles suas alegrias, seus sonhos, frustrações, dramas, dilemas... Dilemas que o "professor da vida real" tem de enfrentar entre o "que deveria ser e fazer" e "o que realmente é e faz". "Ser e também não ser", nos diz Fontana (2000):

> Desses lugares sociais distintos que ocupamos simultaneamente, vivemos e valorizamos, de modo nem sempre harmônico, os eventos de nossa experiência. "Ser e também não ser", eis nossa questão. (Fontana, 2000, p. 64)

E esse relatar aos outros as experiências e possibilitar a produção de saberes é uma forma, algumas vezes, de o professor sair de sua solidão e de seu silêncio; "eu sofro isso lá na escola, no geral, estou sozinho, eu quero ir lá pra ver se sou só eu que sente essas coisas, se os outros sentem", nos disse um dos professores participantes do COLE. Nesse sentido, gostaríamos de retomar as palavras de Fontana (2000, p. 147):

> Embora o aprendizado pelo trabalho na escola se realize e seja fundamental à constituição de nosso "ser profissional", isso acontece silenciosa e silenciadamente, numa clandestinidade imposta pela própria organização do trabalho, que não só dificulta a elaboração histórica dos sentidos de nosso fazer, como repercute nas relações entre pares. Vivenciadas no isolamento e na solidão, as frustrações e ansiedade, decorrentes das dificuldades encontradas no trabalho, aumentam, resultando nos sentimentos de despersonalização, de paralisia da imaginação e de regressão intelectual, sentidos por muitas [muitos] de nós.

Outro aspecto que consideramos fundamental e decorrente dos anteriores é o fato de que as experiências se com-partilham para constituir a identidade profissional e a autonomia de cada docente. A identidade compreendida como o sentido de quem somos (LARROSA, 1998). Ao constituir sua própria autonomia, o professor se está constituindo num sujeito singular. Isto é, o professor tem saberes e conhecimentos que o diferenciam dos outros, porque trabalha em outra escola, em outro contexto..., porque é outro. Mas, a partir desses outros, o professor pode-se constituir no professor que é. A constituição da identidade e da autonomia de cada professor se faz sempre permeada pelos outros. Em inter-relação com os outros, o professor se constitui. Uma autonomia que, como diz Smolka (*Apud* FONTANA, 2000, p. 119), "está na relação com o outro e na interpretação dessa relação". E uma autonomia "que se vai construindo cotidianamente, que não tem um ponto final" (GERALDI, 2000, p. XXVI).

DAS EXPERIÊNCIAS COM-PARTILHADAS, O QUE FICA PARA OS "FORMADORES DE PROFESSORES"?

As vozes dos professores evidenciaram-nos alguns elementos a serem considerados nos programas de formação docente. Expressaremos algumas dessas idéias só para principiar nossa conversa. Posteriormente, retomaremos algumas destas discussões:

- Romper com o esquema tradicional – e interminável – de formação continuada de professores.
- Partir, nos programas de formação, dos saberes que os professores já trazem, decorrentes de sua experiência docente.
- Estabelecer relações de parceria entre os professores e os "professores formadores". Parcerias em que se estabeleçam relações dialógicas

e colaborativas, em que ambas as partes se escutem, se respeitem e se interpelem. Relações em que não se oponha um saber a outro, mas, sim, em que se coloque uma experiência junto a outra.

- Possibilitar parcerias de estudo, reflexão e análise com os professores colegas das escolas.
- Buscar o "isomorfismo" entre a formação recebida nos programas de formação inicial e continuada e o tipo de formação que posteriormente o professor terá de desenvolver na sua prática profissional.
- Aproximar os discursos das instituições formadoras de docentes da prática pedagógica em situação real (a escola, em toda sua complexidade).
- Iniciar os futuros docentes nos programas de formação inicial, numa atitude reflexiva e investigativa sobre a prática pedagógica (antes, durante e depois dela).
- Possibilitar o desenvolvimento da escrita e da leitura – de textos matemáticos e não-matemáticos – nos processos de formação inicial dos professores, visando a sua prática futura como docentes.
- Possibilitar aos futuros docentes experiências que gerem trabalhos colaborativos com seus parceiros.

A produção escrita e a leitura na sala de aula

Os trabalhos apresentados no I Seminário sobre Educação Matemática do COLE, em formas e formatos diferentes, ora denunciavam algumas preocupações com o ensino e a aprendizagem da Matemática, ora nos apontavam diferentes maneiras de abordá-la em sala de aula.

Em todos os momentos de exposição dos colegas participantes, estivemos com um dos nossos olhares voltado particularmente para questões em que a leitura e a escrita estiveram em evidência, trazendo idéias que possibilitassem repensar os processos de formação de professores, tanto na sua fase inicial como na continuada.

No conjunto de trabalhos apresentados – em comunicações, relatos e mesas-redondas –, foi possível identificar uma aproximação de temáticas que foram por nós agrupadas em: (1) leitura e escrita em linguagem gráfica; (2) leitura e escrita em grupos colaborativos; (3) leitura e escrita em contextos de formação docente; (4) leitura e escrita em sala de aula da educação básica; (5) comunicação escrita mediada por ambientes computacionais; (6) leitura e escrita de textos didáticos.

Leitura e escrita em linguagem gráfica

As discussões sobre Literacia e Estatística nos trouxeram, além de esclarecimentos sobre o termo Literacia, a necessidade de propiciar aos futuros professores e aos professores em serviço saberes necessários para compreender e lidar com as informações escritas do dia-a-dia, o que inclui a interpretação correta dos dados apresentados na mídia e a avaliação desses resultados no contexto em que se inserem. Evidenciou-se o papel social que essas questões devem desempenhar não apenas na formação do professor como também no cotidiano das salas de aula da educação básica.

Nessa perspectiva, destacamos a pesquisa Inaf/2002,[14] cujos resultados sinalizam a necessidade de que essas discussões perpassem a formação docente, visto que:

> A indicação de que apenas 21% da população brasileira consegue compreender informações a partir de gráficos e tabelas, freqüentemente estampados nos veículos de comunicação, é absolutamente aflitiva, na medida em que sugere que a maior parte dos brasileiros encontra-se privada de uma participação efetiva na vida social, por não acessar dados e informações que podem ser importantes na avaliação de situações e na tomada de decisões. (FONSECA, 2004, p. 23)

LEITURA E ESCRITA EM GRUPOS COLABORATIVOS

O trabalho com projetos, apresentado pelas professoras do Gepcom da Escola Comunitária de Campinas, nos mostrou, por um lado, possibilidades de explorar em sala de aula, com alunos do ensino fundamental, a interpretação e a compreensão de informações que incluem leitura e escrita dos alunos no tratamento das informações. Por outro lado, o trabalho desse grupo, constituído de forma colaborativa por iniciativa e vontade dos professores de repensar suas práticas e aprofundar seus conhecimentos matemáticos, mostrou que essa forma de organização, que inclui a sistematização escrita de seus saberes discutidos no grupo, revela-se uma valiosa estratégia de desenvolvimento profissional do professor. A relevância da leitura e do papel fundamental da escrita, como elemento desencadeador de transformações que provocam análises e reflexões e fortalecem o professor profissionalmente, pôde ser também observada no trabalho do "Grupo de Sábado" e Gepepei.

Os contextos desses três grupos evidenciaram a importância do trabalho colaborativo, ressaltado por Cochran-Smith e Lytle (1999) e Fiorentini (2004). A dimensão formativa do trabalho colaborativo foi também destacada por Fiorentini *et al.* (2004, p. 2) que, apoiados em Olson, Larraín e Hernández, afirmam:

> As investigações sobre trabalhos colaborativos no campo educacional, entretanto, têm mostrado que estes não trazem somente conhecimentos

---

[14] Trata-se da pesquisa Indicador Nacional de Alfabetismo Funcional, iniciativa do Instituto Paulo Montenegro e da ONG Ação Educativa, realizada em 2002.

novos acerca de problemas e mudanças na prática profissional. (...) há uma dimensão formativa do sujeito que participa das práticas colaborativas. Neste sentido, a colaboração entre professores requer atenção especial e a criação de uma sinergia no grupo de modo que possa haver, ao mesmo tempo, produção de conhecimentos novos que promovam melhoria da prática, aprendizagem compartilhada e, também, desenvolvimento pessoal e profissional dos participantes.

Entendemos que o trabalho colaborativo, quando envolve processos de escrita e leitura no grupo, aproxima-se das discussões de Cochran-Smith e Lytle (1999), no que se refere às comunidades de investigação. Para essas autoras, quando professores se envolvem conjuntamente na construção do conhecimento – quer por compartilhamento de experiências, quer por meio de produções escritas sobre elas –, explicitam seus conhecimentos tácitos, gerando dados que possibilitam ampliar a rede de comunicação entre diferentes grupos, (re)significando, assim, saberes e práticas dos docentes. Nesse sentido, quando os três grupos – que atuam de forma colaborativa – trouxeram suas experiências para o Cole, propiciaram um compartilhamento de idéias instigadoras de novos conhecimentos.

LEITURA E ESCRITA EM CONTEXTOS DE FORMAÇÃO DOCENTE

Acreditando no potencial da escrita como ferramenta que beneficia a organização do raciocínio evidenciando certezas, dúvidas e dificuldades, com possibilidade de fortalecer o pensamento reflexivo dos alunos, Santos[15] nos mostrou o trabalho que desenvolve em cursos de graduação, com exemplos que exploram a linguagem escrita nas aulas de Matemática, como: biografias, textos de abertura e fechamento de aulas, cartas, mapas conceituais, projeto glossário, diários, entre outros. Essas atividades, realizadas num curso de formação de professores de Matemática, mostraram-se importantes no sentido de provocar os alunos, futuros professores, a sistematizar suas idéias matemáticas de outra maneira que difere da linguagem predominantemente técnica e simbólica. Essa forma de trabalho exige estratégias de expressão que parecem ser benéficas para a formação do profissional de ensino de Matemática, uma vez que exige do aluno uma reflexão profunda sobre o seu modo de pensar. Entretanto, foi observado que a atividade escrita em sala de aula só traz benefícios quando existe o comprometimento do professor com o retorno sistemático das produções dos alunos.

O aspecto formativo da escrita foi destacado por Jaramillo (2003), por ocasião de sua pesquisa de doutorado; afirma que

---

[15] Nesse sentido, ver o texto *Explorações da linguagem escrita nas aulas de Matemática*, de Sandra Augusta dos Santos, neste livro.

a escrita da autobiografia do futuro professor e sua socialização possibilitam que tanto ele quanto os colegas e professores da disciplina da Prática reconheçam, discutam e analisem alguns elementos constitutivos de seu ideário e as teias pedagógicas que lhe sejam subjacentes. (JARAMILLO, 2003, p. 56)

Ainda na perspectiva da leitura e escrita na formação docente, a comunicação de Nacarato e Santos[16] aponta o registro reflexivo como elemento poderoso para desencadear processos de metacognição dos professores em sua formação inicial e continuada.

LEITURA E ESCRITA EM SALA DE AULA DA EDUCAÇÃO BÁSICA

O potencial da leitura e escrita em sala de aula de Matemática vem despontando na literatura nacional e internacional. Evidência disso é o número significativo de trabalhos – comunicações, relatos e mesas-redondas – apresentados nesse Cole. Foram identificados: um trabalho em salas de aula de educação infantil; dois no ensino fundamental; três na Educação de Jovens e Adultos e dois envolvendo textos da mídia.

Introduzindo o tema da mesa-redonda "As Inter-relações entre Iniciação Matemática e Alfabetização", sua coordenadora, a professora Anna Regina L. de Moura,[17] nos fez atentar para a compreensão da Matemática como uma linguagem que tem operacionalidade em outras linguagens, a saber: a do corpo, a da arte, a da emoção, a da sensação, entre outras. Numa perspectiva semelhante, Andrade,[18] componente dessa mesa-redonda, observou que formas diversas de expressão implicam diferentes leituras e exibiu aos participantes formas diversas de expressão e comunicação por meio de pintura, foto, gráfico, ópera e poema.

Nesse sentido, Smole e Diniz (2001, p. 80) elucidam a importância de os alunos atentarem para o fato de que "ser um leitor em Matemática permite compreender outras ciências e fatos da realidade, além de perceber relações entre diferentes tipos de textos".

Em uma outra perspectiva, o professor Manoel Oriosvaldo de Moura,[19] também componente da mesa, nos mostrou, em sua apresentação, registros de

---

[16] Trata-se da Comunicação *A formação do professor de Matemática mediada pelo registro reflexivo*, de Adair Mendes Nacarato e Renato Tim dos Santos, publicada no Caderno de Resumos do 14° COLE, p. 67-68.

[17] Docente da Faculdade de Educação da Unicamp.

[18] Veja o texto *As inter-relações entre iniciação matemática e alfabetização*, de Maria Cecília G. Andrade, neste livro.

[19] Docente da Faculdade de Educação da USP.

alunos de 1ª série que exemplificam a reflexão escrita como recurso a ser usado em aulas de Matemática para a organização do conhecimento.

Em outro contexto, com uma perspectiva avaliativa, o prof. Antonio José Lopes (Bigode) nos trouxe um instrumento, por ele intitulado de RAv (Redação-Avaliação), que trabalha com a escrita em sala de aula, apresentando-se, segundo ele, como uma forma de ruptura do contrato didático da escola tradicional. Esse instrumento de avaliação, segundo Lopes (2002, p. 42),

> é um texto, mas não um texto qualquer. Trata-se de uma produção livre, no sentido da autenticidade, da autoria e da liberdade de criação. Carregada de significação, confere historicidade ao processo de aprendizagem dos alunos, produzido por eles próprios, em um movimento de reflexão crítica da própria ação do pensamento individual e coletivo, constituindo-se em uma poderosa ferramenta metacogntiva .

A leitura e a produção escrita também se fizeram presentes em três trabalhos relacionados à Educação de Jovens e Adultos, ora para dar significado à linguagem "pictórica" de cartazes (PRAXEDES, 2003, p. 75)[20], ora para desencadear processos metacognitivos por meio do registro (TOLEDO, 2003, p. 76)[21], ou, ainda, para pesquisar a própria prática num curso de EJA (QUIRINO et al., 2003, p. 76).[22]

O uso de elementos da mídia foi destacado na mesa-redonda "Linguagem Matemática e Sociedade". Corrêa[23] apresentou o jornal impresso como recurso didático a ser utilizado em sala de aula, alertando para a necessidade de o professor estar atento para que esse instrumento gere uma aprendizagem permeada pela análise crítica das informações trabalhadas. Atividades envolvendo leitura de textos em revistas e jornais foram apontadas também por Smole e Diniz (2001, p. 82) como instrumentos de grandes possibilidades para o desenvolvimento de noções, conceitos e habilidades matemáticas, além do tratamento de informações. Também nos lembram essas autoras que,

> além da atualidade que esses materiais trazem para as aulas de matemática, eles propiciam uma abordagem de Resolução de Problemas mais contextualizada, já que os jornais e as revistas apresentam temas abrangentes, que não se esgotam em uma única área de conhecimento.

---

[20] PRAXEDES, Maria Edineide. *Matemática cultural X Matemática Escolar e o aluno da EJA de Bertioga*, cujo trabalho se encontra no Caderno de Resumos do 14º COLE, p.75.

[21] TOLEDO, Maria Elena R. de O. *Metacognição e registro na Educação Matemática de jovens e adultos*. Trabalho registrado no Caderno de Resumos do 14º COLE, p.76.

[22] QUIRINO, Marina Eliza et al. *Ensino da Matemática para jovens e adultos: formando o educador matemático*. Disponível no Caderno de Resumos do 14º COLE, p. 76.

[23] Ver o texto *Linguagem Matemática, Meios de Comunicação e Educação Matemática*, de Roseli A. Corrêa, neste livro.

Nessa mesma perspectiva, Carvalho[24] nos convidou a pensar a leitura crítica da Matemática como ação emancipadora e a aprendizagem prática como intenção libertadora.

Na interface dos trabalhos que envolvem leitura e escrita em contextos de formação docente e em contextos de sala de aula, destacamos os relatos de Welendort[25] e Carmo,[26] professoras da rede pública que, à época do COLE, realizavam um curso de especialização junto ao LEM/[27] Imecc/Unicamp. Em **seu trabalho**, ora tratavam de aspectos históricos que esclareciam o desenvolvimento ou introdução de algum conteúdo específico, ora incentivavam a coleta de dados para a inferência da algum resultado almejado, ou ainda buscavam compreender as relações da Matemática com outras áreas do conhecimento. Vale ressaltar o potencial da leitura sistemática e detalhada sobre história da Matemática, realizada no curso de especialização, para desencadear processos criativos de abordagem de conteúdo em sala de aula. Nesses dois trabalhos, evidenciou-se o duplo papel do registro: as crianças, em sala de aula, registrando as atividades realizadas – momentos de aprendizagem –, e as professoras, registrando suas experiências para serem narradas e compartilhadas –momentos de produção de novos saberes didático-pedagógicos.

COMUNICAÇÃO ESCRITA MEDIADA POR AMBIENTES COMPUTACIONAIS

Com os avanços tecnológicos e a presença do computador no ambiente educacional, não há como desconsiderar a nova linguagem que surge nesse contexto. Essa perspectiva apareceu, de forma tímida, no Seminário sobre Educação Matemática do 14º COLE, em apenas dois trabalhos. Um deles, de Miskulin, Amorin e Silva,[28] abordou a pesquisa sobre o ambiente computacional desenvolvido para a educação à distância – Teleduc –, em que os alunos da educação básica liam e pesquisavam sobre assuntos matemáticos para a criação de *sites*. O trabalho, numa perspectiva de aprendizagem colaborativa, apresentou-se como potencializador para a sistematização do conhecimento do aluno. Ainda na

---

[24] Ver texto *Linguagem matemática e sociedade: refletindo sobre a ideologia da certeza*, de Valéria de Carvalho, neste livro.

[25] WELENDORT, Aline Cristina. *Nicolau contando as horas (base sessenta)*, cujo resumo não foi publicado.

[26] CARMO, Andréia. *Viajando pela história da Matemática*, cujo trabalho se encontra no Caderno de resumos do 14º COLE, p. 68-69.

[27] Laboratório de Ensino de Matemática, vinculado ao Instituto de Matemática, Estatística e Computação Científica da Unicamp.

[28] O trabalho de MISKULIN, Rosana G. S.; AMORIN, Joni de A.; SILVA, Mariana da R. C. *Exploração, disseminação e representação de conceitos matemáticos através do ambiente computacional para educação à distância – TELEDUC*, encontra-se no Caderno de Resumos do 14º COLE, p.72-73.

dimensão tecnológica, o professor Arlindo José de Souza Júnior,[29] na mesa-redonda "Linguagem Matemática e Sociedade", nos trouxe a possibilidade da leitura de informações via *internet* para o desenvolvimento de atividades em sala de aula.

Tendo em vista os avanços tecnológicos por que o mundo tem passado, Milani (2001) ressalta a importância da utilização da informática no ensino da Matemática, alertando-nos que

> O computador, símbolo e principal instrumento desse avanço, não pode ficar fora da escola. Ignorá-lo significa alienar o ambiente escolar, deixar de preparar os alunos para um mundo em mudança constante e rápida, educar para o passado e não para o futuro. O desafio é colocar todo o potencial dessa tecnologia a serviço do aperfeiçoamento do processo educacional, aliando-a ao projeto da escola com o objetivo de preparar o futuro cidadão. (MILANI, 2001, p. 175)

LEITURA E ESCRITA DE TEXTOS DIDÁTICOS

Essa temática se fez presente na mesa-redonda "Análise do discurso nos textos matemáticos". Fonseca[30] apontou questões relacionadas à necessidade de desenvolvimento de estratégias de leitura para o acesso a gêneros textuais próprios da atividade escolar. Fez-nos atentar ainda para outras necessidades, a saber: estabelecer situações próprias das leituras sociais em que o leitor/aluno procure no texto respostas para suas próprias indagações ou necessidades; intensificar e/ou incluir nos cursos de formação de professores um trabalho de orientação para a produção de textos didáticos a serem utilizados em aulas de Matemática; criar ambientes favoráveis para que o professor leia e incentive a prática de leitura de seus alunos, uma vez que essa prática possui um potencial importante para o desenvolvimento da autonomia do aluno. Nesse sentido, Smole e Diniz dizem ser

> comum que o livro didático de matemática seja utilizado como manual de exercícios, ou que seja lido exclusivamente pelo professor. Entretanto, a partir do momento em que os alunos começam a ganhar independência na leitura, especialmente a partir da 2ª série, consideramos importante que aprendam que podem ler os textos matemáticos de seus livros. (SMOLE; DINIZ, 2001, p. 78)

Lopes[31] ressaltou a importância do livro didático no Brasil e o processo de mudança de abordagens e apresentações dos conteúdos. A professora Elizabeth

---

[29] Docente da Faculdade de Matemática da UFU/MG.

[30] O texto de FONSECA, Maria da Conceição F. R. e CARDOSO, Cleusa de Abreu, *Educação Matemática e Letramento: textos para ensinar Matemática e Matemática para ler o texto*, faz parte deste livro.

[31] O texto de LOPES, Jairo de Araujo, *O livro didático, o autor, as tendências em Educação Matemática*, encontra-se neste livro.

Soares[32] instigou-nos com questões relacionadas aos textos contidos nos livros didáticos e aos reflexos das mudanças desses textos na adoção de livros pelos professores. Nesse sentido, reivindicou um incentivo à prática de ler e refletir sobre os textos escritos em livros didáticos e, em especial, nos cursos de formação de professores. A professora Adair Mendes Nacarato, coordenadora dessa mesa, convidou-nos a pensar sobre a produção de textos dirigidos para o professor, destacando como exemplo os textos dos Parâmetros Curriculares Nacionais (PCN) que, muitas vezes, contêm termos e conceitos com significados pouco conhecidos pelos professores, o que dificulta a leitura.

Vale lembrar que essa foi apenas uma percepção dos múltiplos olhares e conexões que se podem produzir quando textos são dados a ler por meio de comunicação escrita ou oral, pois sempre haverá outras leituras possíveis, outros olhares e perspectivas novas; assim, concordamos com Nietzsche, interpretado por Larrosa (2002, p. 32):

> A objetividade, diz Nietzsche, não se consegue buscando um único ponto de vista, mas se aprende multiplicando as perspectivas, aumentando o número de olhos, utilizando formas afetivas de olhar, dando à visão uma maior pluralidade, uma maior amplitude, uma paixão mais forte.

Percebemos que algumas questões em busca de possibilidades para a formação do professor de Matemática ficaram para ser discutidas, entre elas: na formação dos professores, que estratégias, dinâmicas ou atividades são benéficas para sensibilizar o profissional para a importância da leitura de textos que consideram as práticas sociais; como propiciar momentos para trocas de idéias e/ou para trabalho em equipe entre profissionais de diferentes áreas, dentro do ambiente escolar, que tenham o registro escrito como aliado do trabalho.

Acreditamos que essas e muitas outras discussões, com os múltiplos olhares dos professores, profissionais e leitores participantes desse COLE e de outros que ainda estão por vir, poderão abrir caminhos para novas perspectivas na formação do professor de Matemática.

Inter-relações emergentes na sala de aula e na constituição do professor de Matemática

As constantes e rápidas transformações que vêm ocorrendo na nossa sociedade acabam impondo novas exigências à profissão docente. Desde a última década do século XX, estudos apontam a necessidade de se ter um novo olhar para a prática docente e a formação de professores. Em virtude disso, constructos teóricos vêm se delineando e apontando algumas condições para o exercício

---

[32] Educadora matemática vinculada à Editora Scipione.

da profissão docente: desenvolvimento profissional, formação contínua, saberes docentes, prática reflexiva, trabalho coletivo/colaborativo, dentre outros. Entre esses constructos parece haver um ponto de convergência quanto à constituição do professor: este encontra-se em constante processo de formação.

As apresentações ocorridas durante o I Seminário sobre Educação Matemática no 14º COLE vêm reforçar tais necessidades. Além das questões relativas à produção escrita e leitura do professor e à importância da experiência na constituição dos saberes destes, constatamos a emergência de algumas questões que não podem deixar de ser contempladas no saber docente e na própria constituição do professor.

Conforme destacado na introdução deste artigo, tentamos captar, durante os quatro dias do evento, algumas dessas questões: (1) disponibilidade para o trabalho coletivo e colaborativo; (2) necessidade de propostas de trabalho com os alunos que contenham tarefas ricas e variadas; (3) desafios postos pelo mundo da incerteza; (4) ruptura com a visão disciplinar e a incorporação da interdisciplinaridade; (5) uso de novas tecnologias; (6) reconhecimento da historicidade; (7) inclusão informacional; (8) inclusão do aluno e do professor como sujeitos do conhecimento.

A DISPONIBILIDADE PARA O TRABALHO COLETIVO E COLABORATIVO

A Profa Carolina Carvalho,[33] em sua palestra de abertura, ao destacar as comunicações e interações em sala de aula, salientou a importância das dinâmicas interativas a serem propiciadas pelo professor. Isso requer um novo olhar para o fazer matemático em sala de aula. Mas como o professor poderá incentivar essa prática, se ela não fez parte de sua formação? Como, de repente, romper com o ensino pautado pela transmissão do conhecimento, pela diretividade das interações, em que a única interação possível é aquela que o professor pergunta e o aluno responde?

Nesse contexto, o trabalho colaborativo no interior das escolas desponta como uma alternativa bastante promissora. Os professores, por iniciativas próprias, vêm buscando constituir grupos de estudos e de trabalho colaborativo, em que uns possam contribuir para a formação do outro – quer com a troca de experiências, quer com a ajuda mútua – e venham, conseqüentemente, a implementar novas práticas pedagógicas condizentes com as exigências do contexto atual.

O trabalho colaborativo vem sendo apontado como uma instância não apenas formadora do professor, mas que também transforma a escola em organização "aprendente" (FULLAN; HARGREAVES, 2000, p. 74). Para esses autores,

---

[33] Veja texto de CARVALHO, Carolina. *Comunicações e interacções sociais nas aulas de Matemática*, neste livro.

"as colaborações efetivas se realizam no mundo das idéias, examinando-se, de maneira crítica, as práticas existentes, buscando-se melhores alternativas e trabalhando-se muito e em conjunto para a realização de melhorias e avaliação de sua validade".

O grupo colaborativo dá ao professor a segurança de que ele necessita para enfrentar a complexidade da prática docente. Atuar num grupo colaborativo é muito mais que trabalhar em grupo, coletivamente. Envolve "mutualidade" nos objetivos, "confiança" entre seus membros, "diálogo, negociação, auto-aprendizagem e aprendizagem acerca das relações humanas" (BOAVIDA; PONTE, 2002, p. 48-49).

Durante as apresentações dos trabalhos no COLE foi possível distinguir a existência de grupos colaborativos com características próprias: ora inseridos num contexto no qual os professores participam espontaneamente do grupo (Gepcom; Gepepei Campinas/SP), ora inseridos em escola na qual os professores atuam colaborativamente na execução de um projeto interdisciplinar que envolve todos os níveis de ensino e todos os professores (Colégio Dom Quixote, Jacarepaguá/RJ).

A negociação, o compartilhar de experiências e saberes deveria fazer parte do âmbito da própria escola. Mas, se isso não for possível, há como se buscar espaço para esse tipo de trabalho. É possível, também, que a constituição de grupos colaborativos extrapole os limites da escola e envolva professores de diferentes escolas e diferentes níveis de atuação. Essa perspectiva se fez presente com o "Grupo de Sábado", constituído por professores escolares e acadêmicos da área de Matemática, que se reúnem aos sábados – daí o nome do grupo – na Faculdade de Educação/Unicamp.

Tais práticas se consolidam em grupos duradouros se as iniciativas partirem dos próprios professores; esses espaços têm que ser conquistados. Como Fullan e Hargreaves (2000) sinalizam, há colaborações que representam perda de tempo, por se constituírem em colaborações balcanizadas ou artificiais, forçadas.

As colaborações balcanizadas são aquelas em que os professores se agregam a determinados colegas – por afinidade, por proximidade de nível de atuação, por preferências pessoais – e acabam por constituir uma identidade própria. O problema é que a existência de grupos dessa natureza, no interior de uma escola, acaba por dificultar o trabalho coletivo.

As colaborações artificiais, forçadas ou arquitetadas são aquelas impostas aos professores e, geralmente, revestidas de caráter burocrático. Os HTPCs[34] que ocorrem no interior das escolas públicas ou as reuniões de colegiado, no interior das escolas privadas, constituem exemplos de colaboração artificial.

---

[34] HTPC – Hora de Trabalho Pedagógico Coletivo.

No entanto, esse tipo de colaboração pode acabar motivando o surgimento de verdadeiros grupos colaborativos, visto ser um momento de reunião coletiva dos professores de uma mesma escola, um momento em que todos estão em contato. "A união ou o colegiado arquitetado pode também perturbar a complacência coletiva e ampliar as áreas de colaboração dos professores" (FULLAN & HARGREAVES, 2000, p. 77).

Estudos vêm apontando a importância dos grupos como instâncias altamente potenciais para o desenvolvimento profissional dos professores. No entanto, há outros espaços que também possibilitam esse desenvolvimento. Trata-se de projetos de formação continuada ou cursos de extensão/especialização com características específicas. Neles, o professor é considerado como sujeito do conhecimento e sua prática não só é valorizada, como também tomada como objeto de análise e reflexão. Vários foram os momentos durante o 14º COLE em que essas instâncias se evidenciaram. Um deles, que mereceu destaque nesse evento, foi o curso de Especialização promovido pelo LEM/IMECC/UNICAMP, voltado para a Educação Matemática nas séries iniciais do Eensino fundamental. Embora se tratasse de um curso, a dinâmica nele adotada propiciava momentos de trabalho coletivo; seus participantes tinham a possibilidade de trazer para o grupo suas experiências – em forma de projetos relacionados aos módulos trabalhados no curso – para serem compartilhadas.

Os aspectos destacados anteriormente nos apontam que o professor está disponível para se integrar em grupos de trabalho, para buscar seu próprio desenvolvimento profissional, com vistas à melhoria de sua prática, apesar dos poucos estímulos recebidos por parte dos sistemas de ensino – públicos ou privados.

PROPICIAR AOS ALUNOS TAREFAS RICAS E VARIADAS

Essa questão também foi desencadeada pela palestra de abertura e permeou algumas comunicações apresentadas. Parece haver um consenso de que a motivação do aluno para o envolvimento em tarefas propostas está diretamente relacionada à riqueza da tarefa ou da atividade apresentada. As tarefas que possibilitam a produção de significados matemáticos podem variar quanto à complexidade e duração; podem envolver situações que partam da motivação dos próprios alunos, como podem ser criadas e instigadas pelo professor; podem ocorrer em forma de projetos, de jogos, ou com a utilização do laboratório de Matemática.

Como afirmam Ponte *et al* (1997, p. 73-74), aquelas tarefas que envolvem o aluno são as que vão constituir o ponto de partida para a atividade matemática – aspecto central no ensino desta disciplina. Toda tarefa aponta para conceitos matemáticos; estes, porém, não se encontram na tarefa propriamente dita, mas nas interpretações e interações que ela proporciona. "A mesma situação de aprendizagem e o mesmo conteúdo podem originar diferentes tipos de actividade consoante a tarefa proposta, o modo como for apresentada aos alunos, a forma de organização do trabalho e o ambiente de aprendizagem" (p. 75).

Considerar o professor criador das necessidades nos alunos impõe desafios à formação inicial e continuada. Para a primeira, faz-se necessário garantir que o futuro professor também vivencie tarefas ricas e variadas em sua formação; para a formação continuada, evidencia-se a necessidade de uma maior divulgação de experiências bem sucedidas, de histórias de aulas, de divulgação de bons casos de ensino. Os casos de ensino vêm sendo apontados na literatura como exemplos concretos da prática (descrição de fatos e eventos ocorridos em sala de aula), complementados com a descrição do contexto e permeados pelos pensamentos e sentimentos do seu autor. "Os casos constituem potenciais unidades de reflexão e análise. Como ferramentas pedagógicas permitem a aquisição do saber adquirido a partir da prática, ou na interacção entre a teoria e a prática, ou vice-versa". (INFANTE; SILVA; ALARCÃO, 2002, p. 159).

A experiência tem-nos apontado o quanto o professor aprecia a leitura de experiências de outros colegas e o quanto se apropria desses saberes partilhados. Nesse sentido, Nacarato (2004, p. 204) evidencia que "discutir sobre episódios de sala de aula, casos de ensino ou relatos de experiência durante a formação inicial pode ser um caminho para desvelar a prática pedagógica".

DESAFIOS POSTOS PELO MUNDO DA INCERTEZA

A diversidade de atividades apresentadas sobre o pensamento estocástico, bem como as discussões mais amplas sobre literacia estatística, reforça a necessidade de se incluírem, na formação do professor, temáticas como: estatística, probabilidade e combinatória. Numa época de incertezas, de imprevisibilidades como a que vivemos não há como deixar de considerar tais questões.

A inclusão dessas temáticas no currículo da educação básica é bastante recente e ainda pouco compreendida pelos professores. Mas pode-se argumentar: tais conteúdos fazem parte dos programas de formação inicial! O que queremos apontar aqui é a necessidade de se rever a forma como tais conteúdos são trabalhados nos cursos de graduação que formam professores que ensinam Matemática (Licenciatura em Matemática e Pedagogia). É preciso romper com esse modelo de ensino, que, segundo Sousa (2002, p. 78-79),

> Tem sido marcado, desde o seu início, por um carácter fortemente acadêmico, onde são valorizados essencialmente os seus aspectos teóricos e técnicos, apesar das opiniões contrárias manifestadas por vários investigadores que já vêm desde a década de sessenta. [...] a Estatística é mais do que um conjunto de técnicas, é um estado de espírito na abordagem de dados que permite às pessoas a tomada de decisões apesar do conhecimento da incerteza e da variabilidade dos dados.

Há necessidade de se articular a formação disciplinar (conteúdo específico) com a formação pedagógica, dando ao professor condições de decidir que tarefas propor em cada nível de ensino. Ainda segundo Sousa (2002, p. 80), há necessidade de ultrapassar "as rotinas centradas nos procedimentos técnicos e de criarem experiências de aprendizagem nas quais os alunos recolhem, interpretam e representam dados relativos a acontecimentos reais, em vez de se limitarem à realização de tarefas rotineiras".

Nesse sentido, as apresentações de relatos de experiências com a Estatística e a Probabilidade, principalmente nos projetos desenvolvidos na educação infantil, nos deixaram surpresos com a capacidade das crianças para colocarem em ação o pensamento aleatório.[35]

A RUPTURA COM A VISÃO DISCIPLINAR E A INCORPORAÇÃO DA INTERDISCIPLINARIDADE

Talvez essa tenha sido a ênfase mais presente neste evento. Apesar de práticas interdisciplinares não serem incentivadas nos cursos de formação inicial, os professores em exercício vêm demonstrando enorme esforço para dar conta dessa nova exigência. As experiências relatadas durante o COLE revelaram que o professor dito polivalente – que trabalha na educação infantil e nas séries iniciais do ensino fundamental – está mais aberto e receptivo a um trabalho interdisciplinar do que o professor especialista.

A interdisciplinaridade na educação infantil e séries iniciais do ensino fundamental vem se realizando via pedagogia de projetos. Trata-se de

> uma perspectiva pedagógica segundo a qual a aprendizagem se desenvolve a partir da experiência pessoal dos alunos e do envolvimento destes em actividades que realizam, sobre problemas que se apropriam, geralmente de modo cooperativo e com uma margem considerável de autonomia e responsabilidade (ABRANTES, 1994, *Apud* MATOS; SERRAZINA, 1996, p. 150).

Nas apresentações dos projetos durante o 14º COLE, um fato ficou evidente: a importância de um certo domínio do conhecimento matemático para o desenvolvimento de projetos interdisciplinares. As apresentações dos projetos envolvendo história da Matemática – pelas alunas do curso de Especialização do LEM/IMECC/UNICAMP – foram bastante indicativas desse fato: as professoras evidenciaram o quanto o estudo e o envolvimento com discussões sobre a história da Matemática as motivaram e lhes deram segurança para o investimento

---

[35] Parte dos trabalhos apresentados nesse evento encontra-se em MOURA, Anna Regina L.; LOPES, Celi Ap. E. *Encontros das crianças com o acaso, as possibilidades, os gráficos e as tabelas*. Campinas: Ed. Graf. FE/Unicamp-CEMPEM, 2002.

nesse tipo de abordagem. Ninguém ensina aquilo que não sabe. À medida que o professor adquire um maior conhecimento didático-pedagógico dos conteúdos matemáticos, maiores possibilidades tem para trabalhar interdisciplinarmente. Não há como desconsiderar a especificidade do conhecimento matemático.

Além disso, durante as discussões evidenciou-se que, apesar de se trabalhar a Matemática de forma integrada em projetos interdisciplinares, são necessários momentos de sistematização e organização dos conhecimentos matemáticos produzidos e construídos em sala de aula.

Foram também destacados alguns contextos que podem propiciar um trabalho interdisciplinar: o uso do computador e a própria Estatística, que se vem configurando como uma área interdisciplinar na educação básica.

O trabalho interdisciplinar gera conflitos e angústias: como lidar com um programa preestabelecido? Como cumprir as normas impostas de cima para baixo, na maioria das escolas?

Pensar num currículo interdisciplinar implica romper com a lógica disciplinar vigente, que é pautada nos modelos por matérias e sistemas de avaliação. E isso, segundo Subirats (2000, p. 203), só será possível mediante a democratização do sistema educativo. Nesse sentido, não há lugar para uma concepção de professor como transmissor de conhecimentos que "opera de cima para baixo, com controles ao longo de toda a cadeia, ou seja, um modelo no qual a autonomia do sistema educativo em relação ao poder é muito escassa". Em contrapartida, a autora propõe como central ao processo de mudança a autonomia do sistema educativo, como

> Questão-chave para a construção de uma nova forma de educação, já que é a condição de democratização real do sistema educativo e a possibilidade de criar comunidades escolares nas quais a coletividade docente possa fazer o ajuste entre o conjunto de saberes e valores considerados necessários e as características do grupo concreto, suas necessidades, perspectivas e possibilidades reais. (SUBIRATS, 2000, p. 204)

O USO DE NOVAS TECNOLOGIAS

Não há como desconsiderar a inclusão de ferramentas tecnológicas na sala de aula. A necessidade de uma alfabetização tecnológica é evidente. E, quando falamos em tecnologia, não estamos a nos referir apenas ao computador, mas também ao uso do vídeo, da calculadora, dentre outros.

A atual sociedade do conhecimento requer que os professores saiam da "zona de conforto" e entrem na "zona de risco" (BORBA; PENTEADO, 2001), utilizando, principalmente, a informática em suas aulas. Entrar na "zona de risco" é buscar caminhos incertos e imprevisíveis, nos quais a avaliação das ações propostas deve ser constante. "Ao adentrarmos um ambiente informático, temos que nos disponibilizar a lidar com situações imprevisíveis. Algumas envolvem uma familiaridade maior com o software, enquanto outras podem estar relacionadas com o conteúdo matemático" (p. 61).

No que se refere ao uso de outras tecnologias, como a calculadora, por exemplo, sabemos o quanto ela ainda está ausente das salas de aula de Matemática, quer para exploração de situações diversificadas (cálculo mental ou não, resolução de problemas, estimativas), quer para o desenvolvimento da habilidade de manuseio da própria máquina. Nesse sentido, ao se referir à pesquisa INAF/2002, Fonseca (2004, p. 23) evidencia que a calculadora faz parte do dia-a-dia da população brasileira, visto que 49% da população, nessa pesquisa, declarou utilizá-la habitualmente. No entanto, como a própria autora destaca, os altos índices de utilização da calculadora não se repetem nos acertos das questões, em decorrência

> das dificuldades ao "pilotar" a calculadora, o uso restrito de seus recursos, o desconhecimento de certos critérios ao interpretar o número que aparece no visor também prejudicaram os entrevistados e apontaram para a necessidade de a escola dar uma atenção especial à utilização desse equipamento.

Cada vez mais, em congressos e encontros de professores de Matemática, nos deparamos com um significativo número de relatos ou pesquisas apontando quanto os professores vêm conseguindo romper com o medo e a insegurança para utilizar tecnologias – em especial, o computador – em sala de aula. No entanto, muito poucos são os trabalhos a respeito do uso da calculadora em sala de aula.

O RECONHECIMENTO DA HISTORICIDADE

Ao nos referirmos à História, queremos contemplar a sua multiplicidade de significados: a história da Matemática, a história da Educação Matemática (história do ensino), a história das tendências educativas e de grupos marcantes em cada uma delas, a história do livro didático e a história de vida na constituição do professor de Matemática.

Esses múltiplos significados se fizeram presentes no COLE. Houve a apresentação de dois trabalhos relacionados à História da Educação Matemática (SOUZA; ANDRADE e NACARATO);[36] um trabalho relacionado à história de vida de alunas do curso de Pedagogia, que escrevem sobre fatos marcantes relacionados à Matemática na vida escolar (PASSOS; OLIVEIRA);[37] e quatro trabalhos

---

[36] Ver caderno de resumos do 14o COLE. SOUZA, Gilda L. D. *Relações entre memória e História nos movimentos da Educação Matemática*, p. 70; ANDRADE, José Antonio A.; NACARATO, Adair M. *O ensino de geometria: uma análise das publicações dos anais dos ENEM's*, p. 71.

[37] Ver Caderno de Resumos do 14o COLE: PASSOS, Cármen L. B.; OLIVEIRA, Rosa M. A. *A matemática revisitada: algumas experiências na trajetória escolar de futuros professores*, p. 69.

relacionados ao uso da história da Matemática em sala de aula (WELENDORT; CARMO; DUARTE; CAMPANE).[38]

Ao introduzir a história da Matemática na sala de aula, o professor cria no aluno a necessidade de que a história passe a fazer parte de sua vida e, ao mesmo tempo, professor e aluno se constituem como sujeitos históricos.

O professor contribui na construção da história da Educação Matemática participando de um evento como o COLE, onde pode deixar registradas as suas histórias de aula; ao proceder assim, nos contempla com o momento histórico vivido na sala de aula, mas, ao mesmo tempo, registra esse momento, por meio de fotos, para que seus alunos possam sentir-se também produtores dessa história. Como afirma Severino (2001, p. 72): "o processo histórico depende também das ações dos sujeitos, sendo a educação uma mediação criadora e transformadora da História".

A INCLUSÃO INFORMACIONAL

A superação da exclusão informacional evidenciou-se na mesa redonda sobre Literacia Estatística. O desafio está lançado. De que maneira podemos propiciar a nossos alunos a oportunidade de apreender distintas formas de apresentação e informação estatística? Como promover o uso da estatística de modo responsável e correto, contribuindo de fato para a formação de uma consciência crítica, para a verdadeira formação da cidadania?

Algumas experiências foram apresentadas durante o 14º COLE: o uso do texto jornalístico – a matemática de revistas e jornais; a discussão crítica desses textos; a discussão sobre os resultados de pesquisas veiculados pela mídia, dentre outros. Alguns textos relativos a essas experiências encontram-se no presente livro.

O ALUNO E O PROFESSOR COMO SUJEITOS DO CONHECIMENTO

Em vários momentos evidenciou-se (o) quanto o aluno – independente da idade – possui conhecimentos (advindos do meio cultural ou do próprio processo de escolarização). Esses conhecimentos devem ser considerados e valorizados em sala de aula; podem constituir-se em oportunidade para produção de significados matemáticos.

O professor, ao dar voz a seus alunos e ao ouvi-los, possibilita um intercâmbio de saberes – os acontecimentos de interlocução. Essa relação, com certeza, acaba gerando a afetividade. Mas, quando falamos em afetividade, não

---

[38] Ver Caderno de Resumos do 14º COLE: DUARTE, Estefania F. *Resgate histórico: alternativas na construção do sistema de numeração decimal*, p. 70; CAMPANE, Maria José Z. *Área e perímetro: a história trazendo significados*, p. 72. Os trabalhos de Welendort e Carmo já foram referidos neste texto.

podemos deixar de destacar que esta também se faz presente nas relações entre formador (o professor de professores) e o grupo de professores com o qual atua. O formador que aprende com os professores, trabalha junto compartilha saberes, acaba estabelecendo uma forte relação de afetividade com o grupo. O professor também se considera sujeito do conhecimento. E, ao se considerar assim, também possibilita a seus alunos considerarem-se como possuidores de saberes e, desta forma, envolverem-se nas atividades de sala de aula. "A forma como os alunos sentem a sua capacidade de aprender e fazer Matemática joga um papel fundamental no seu aproveitamento real (MATOS; SERRAZINA, 1996, p. 172). A escola deixa "de ser 'um lugar', para ser a manifestação de vida em toda sua complexidade, em toda sua rede de relações e dispositivos com uma comunidade educativa, que mostra um modo institucional de conhecer e de querer ser" (IMBERNÓN, 2001, p. 102-103).

Considerações finais

As questões aqui discutidas somente foram destacadas porque partiram das falas dos educadores presentes no I Seminário sobre Educação Matemática, ocorrido no 14º COLE.

Evidenciou-se que as pequenas ações individuais é que poderão contribuir para as transformações almejadas. Nesse sentido, cabe a nós, professores, aproveitarmos os espaços que surgem, por menores que sejam. Os HTPCs são muito chatos, só envolvem avisos burocráticos da coordenação e/ou direção? Vamos cobrar que esses espaços se tornem mais produtivos, que sejam usados para o início de um trabalho colaborativo. A escola particular na qual atuo não abre espaços para a troca, para o trabalho coletivo no seu interior? Busquemos as pequenas brechas que surgirem.

Há que se destacar a presença de um grupo tão representativo no I Seminário de Educação Matemática do 14º COLE. Isso já é um indício de quanto o professor – apesar de suas condições de trabalho e constantes desvalorizações – está motivado a buscar sua formação, a compartilhar suas experiências. Os professores estão em busca de alternativas e de ajuda para atribuir significado a suas práticas; desejam e buscam compartilhar suas experiências. Muitos dos professores de escolas públicas, presentes no evento, tinham apenas duas semanas de recesso em julho, das quais uma foi destinada à participação no COLE.

Isso nos impulsiona a uma luta mais ampla, que deve ser desencadeada paralelamente a essas pequenas ações. Luta por condições mais dignas de trabalho, por espaços remunerados de formação continuada e engajamento nas discussões mais amplas que dizem respeito ao professor de Matemática. Luta por conquista de espaços onde se possa discutir uma Educação Matemática de qualidade – mas a qualidade que os educadores almejam e não a que lhes querem impor, por meio de políticas públicas de educação, pautadas por modelos neoliberais.

Dessa forma, o desafio foi lançado para os formadores de professores e para os programas de formação docente. Por outro lado, não há como deixar de mencionar as condições de trabalho acadêmico. Muitas vezes a universidade é acusada de fechar as portas para o professor da rede, de não atender a seus apelos e de não ajudá-lo em suas necessidades profissionais. Ocorre que as condições de trabalho acadêmico também não são muito diferentes daquelas do professor da educação básica.

O professor brasileiro, mais do que nunca, vem sendo formado na instituição privada, cujas políticas de contratação de seu corpo docente são as mais perversas possíveis: professor horista (muitas vezes com 40 aulas semanais), classes numerosas, falta de apoio e de incentivo à pesquisa e ao trabalho coletivo.

Referências

ALARCÃO, Isabel. Ser professor reflexivo. In: ALARCÃO, Isabel (Org.). *Formação reflexiva de professores, estratégias de supervisão*. Porto: Porto Editora, 1996.

BOAVIDA, Ana Maria; PONTE, João Pedro da. Investigação Colaborativa: Potencialidades e problemas. In: Grupo de Trabalho sobre Investigação/GTI. *Reflectir e Investigar sobre a prática profissional*. Portugal: Associação de Professores de Matemática, 2002, p. 43-55.

BORBA, Marcelo de Carvalho; PENTEADO, Miriam Godoy. *Informática e Educação Matemática*. Belo Horizonte: Autêntica, 2001.

COCHRAN-SMITH, Marilyn; LYTLE, Susan L. Relationships of Knowledge and Practice: teacher learning in communities. *Rewie of Research in Education*, USA, 24, 1999, p. 249-305.

DELEUZE, G. *Proust e os signos*. Tradução a partir do francês de Antonio Carlos Piquet e Roberto Machado. Rio de Janeiro: Forense-Universitária, 1987.

DICIONÁRIO AURÉLIO-Século XXI. *Dicionário eletrônico*. Versão 3.0. Editora Nova Fronteira.

FIORENTINI D.; FREITAS, M.T.M; MISKULIN, R. G. S.; NACARATO, A.M.; Brazilian Research on Colaborative Groups of Mathematics Teachers. In: INTERNATIONAL CONGRESS ON MATHEMATICS EDUCATION, X. Disponível em: <http://www.icme-orgamosers.dk/tsg23/tesg23_abstracts/ rTSG23025Fiorentini> 8 p. 06-10/julho/2004. Copenhagen, Dinamarca.

FONSECA, Maria da Conceição F. Reis. A Educação Matemática e a ampliação das demandas de leitura e escrita da população brasileira. In FONSECA, Maria da Conceição F. Reis (Org.). *Letramento no Brasil: habilidades matemáticas*. São Paulo: Global: Ação Educativa Assessoria Pesquisa e Informação: Instituto Paulo Montenegro, 2004. p. 11-28.

FONTANA, Roseli C. *Como nos tornamos professoras?* Belo Horizonte: Autêntica, 2000a.

FULLAN, Michael; HARGREAVES, Andy. *A escola como organização aprendente: buscando uma educação de qualidade*. Porto Alegre: Artes Médicas Sul, 2000.

GERALDI, João W. *Portos de passagem*. 4. ed. São Paulo: Martins Fontes, 2000 (original de 1991).

IMBERNÓN, Francisco. *Formação docente e profissional: formar-se para a mudança e a incerteza*. São Paulo: Cortez, 2001.

INFANTE, Maria José; SILVA, Maria Susana; ALARCÃO, Isabel. Descrição e análise interpretativa de episódios de ensino: os casos como estratégia de supervisão reflexiva. In: ALARCÃO, Isabel (Org.). *Formação reflexiva de professores: estratégias de supervisão*. Portugal: Porto, 1996, p.151-169.

JARAMILLO, Diana. *(Re)constituição do ideário de futuros professores de Matemática num contexto de investigação*. Tese (Doutorado em Educação: Educação Matemática) – FE/ Campinas:Unicamp, 2003, 267p.

LACERDA, Nilma G. *Manual de tapeçaria*. Rio de Janeiro: Philobiblion Livros de Arte, 1986.

LARROSA, Jorge. *La experiencia de la lectura: estudios sobre literatura y formación*. Barcelona: Laertes, 1998.

LARROSA, Jorge. *Nietzche & educação*. Belo Horizonte: Autêntica, 2002.

LOPES, Antonio José. A escrita no processo de ensino e aprendizagem da Matemática. *Pátio*. Ano VI, n.º 22, jul/ago, 2002.

MATOS, José Manuel; SERRAZINA, Maria de Lurdes. *Didáctica da Matemática*. Lisboa: Universidade Aberta, 1996.

MILANI, Estela. A informática e a comunicação matemática. In: SMOLE, K. S.; DINIZ, M. I. (Org.). *Ler, escrever e resolver problemas: habilidades básicas para aprender Matemática*. Porto Alegre: Artmed Editora, 2001, p. 175-200.

NACARATO, Adair M. A produção de saberes sobre a docência: quando licenciandos em matemática discutem e refletem sobre a experiência de professores em exercício. In ROMANOWSKI, Joana; MARTINS, Pura Lucia O.; JUNQUEIRA, Sérgio R.A. (Orgs.). *Conhecimento Local e Conhecimento Universal: práticas sociais: aulas, saberes e políticas*. Curitiba: Champagnat, 2004, p.193-206.

PINTO, Renata A. *Quando professores de Matemática tornam-se produtores de textos escritos*. Tese de doutorado. Campinas: Unicamp, 2002.

PONTE, João Pedro et al. *Didáctica: ensino secundário*. João Pedro da Ponte; Ana Maria Boavida; Margarida Graça & Paulo Abrantes. Portugal: Ministério da Educação. Departamento do Ensino Secundário, 1997.

SCHNETZLER, Roseli. Prefácio. In: GERALDI C. M. G.; FIORENTINI, D.; PEREIRA, E.M.A.(Org.). *Cartografias do trabalho docente: professor(a)-pesquisador(a)*. 2. ed. Campinas: Mercado de Letras e ALB, 2001.

SEVERINO, Antônio Joaquim. *Educação, sujeito e história*. São Paulo: Olho d'Água, 2001.

SMOLE, Kátia S.; DINIZ, Maria Ignez. Ler e Aprender Matemática. In: SMOLE, K. S.; DINIZ, M. I. (Org.). *Ler, escrever e resolver problemas: habilidades básicas para aprender matemática*. Porto Alegre: Artmed Editora, 2001, p. 69-86.

SOUSA, Olívia. Investigações estatísticas no 6º ano. In: Grupo de Trabalho sobre Investigação/GTI. *Reflectir e investigar sobre a prática profissional*. Portugal: Associação de Professores de Matemática, 2002, p. 75-97.

SUBIRATS, Marina. A educação do século XXI: a urgência de uma educação moral. In: IMBERNÓN, F. (Org.). *A educação no século XXI: os desafios do futuro imediato*. Porto Alegre: Artes Médicas Sul, 2000. p. 195-205.

Os autores

CELI APARECIDA ESPASANDIN LOPES
   Docente do Programa de Mestrado em Ensino de Ciências e Matemática da UNICSUL/SP.
   E-mail: *celilopes@uol.com.br*

ADAIR MENDES NACARATO
   Docente do Programa de Pós-Graduação Stricto Sensu em Educação da Universidade São Francisco (USF) e membro do GEPFPM (FE/UNICAMP).
   E-mail: *adamn@terra.com.br*

CAROLINA CARVALHO
   Docente da Faculdade de Ciências – Universidade de Lisboa.
   E-mail: *cfcarvalho@fc.ul.pt*

CLEUSA DE ABREU CARDOSO
   Docente do Instituto Superior de Educação Anísio Teixeira.
   E-mail: *cleusa.ac@uol.com.br*

DIANA JARAMILLO
   Docente da Universidad Industrial de Santander (UIS), Bucaramanga/Colômbia e Membro do Grupo de Educación Matemática de la UIS (EDUMAT/UIS).
   E-mail: *djaramillo@tux.uis.edu.co*

JAIRO DE ARAUJO LOPES
   Docente da PUC-Campinas.
   E-mail: *jairo@puc-campinas.edu.br*

MARIA CECÍLIA GRACIOLI ANDRADE
   Coordenadora do Curso de Educação Infantil da Escola Comunitária de Campinas.
   E-mail: *cila@ecc.br*

MARIA DA CONCEIÇÃO FERREIRA REIS FONSECA
>   Docente da Faculdade de Educação da UFMG.
>   E-mail:: *mcfrfon@uai.com.br*

MARIA TERESA MENEZES FREITAS
>   Docente da Universidade Federal de Uberlândia (UFU) e membro do GEPFPM (FE/UNICAMP).
>   E-mail: *mtmf@unicamp.br*

ROSELI DE ALVARENGA CORRÊA
>   Docente do Depto. de Matemática da UFOP/MG.
>   E-mail: *rcorrea@feop.com.br*

SANDRA AUGUSTA SANTOS
>   Docente do Depto. de Matemática Aplicada do IMECC/UNICAMP.
>   E-mail: *sandra@ime.unicamp.br*

VALÉRIA DE CARVALHO
>   Membro do HIFEM (FE/UNICAMP) e do NIEM (IMECC/UNICAMP).
>   E-mail: *val.carvalho@uol.com.br*

VINÍCIO DE MACEDO SANTOS
>   Docente da Faculdade de Educação/USP.
>   E-mail: *visantos@uol.com.br*